电力大数据
价值挖掘与应用

主　编　郑怀华
副主编　张旭东　屠晓栋　顾曦华
　　　　张建松　刘海林　冯振源

中国电力出版社
CHINA ELECTRIC POWER PRESS

内 容 提 要

本书是关于电力行业大数据分析的专业书籍，旨在帮助读者深入了解电力大数据的价值挖掘方法和应用实践。全书共分四章，从电力大数据的基本概念、特点和挑战入手，阐述了电力大数据采集、存储、处理和分析技术。同时，结合国家电网有限公司大数据应用环境，以案例形式解析了近年来在安全生产、营销服务、企业经营、数据增值等领域的应用探索。本书可为系统内外开展电力大数据挖掘提供指导，也可作为电力企业大数据应用培训教材。

图书在版编目（CIP）数据

电力大数据价值挖掘与应用/郑怀华主编. —北京：中国电力出版社，2024.1
ISBN 978-7-5198-8454-3

Ⅰ.①电… Ⅱ.①郑… Ⅲ.①数据处理－应用－电力系统－研究 Ⅳ.①TM7-39

中国国家版本馆 CIP 数据核字（2023）第 244681 号

出版发行：中国电力出版社
地　　址：北京市东城区北京站西街 19 号（邮政编码 100005）
网　　址：http://www.cepp.sgcc.com.cn
责任编辑：邓慧都
责任校对：黄　蓓　于　维
装帧设计：张俊霞　郝晓燕
责任印制：石　雷

印　　刷：三河市航远印刷有限公司
版　　次：2024 年 1 月第一版
印　　次：2024 年 1 月北京第一次印刷
开　　本：787 毫米×1092 毫米　16 开本
印　　张：14.25
字　　数：272 千字
定　　价：80.00 元

编 委 会

主　　任：邢建旭
副 主 任：徐冬生
委　　员：仲立军　王　征　唐锦江　姜　维　王　滢
　　　　　刘章银　钟　其　杨玉锐　周　旻　万尧峰
　　　　　刘国良　褚明华　高　博　傅　进　陈　刚
　　　　　马杏可　李文涛　沈中元

编 写 组

主　　编：郑怀华
副 主 编：张旭东　屠晓栋　顾曦华　张建松　刘海林
　　　　　冯振源
参编人员：白景涛　王晨波　徐天娇　石小琛　赵　悦
　　　　　徐天树　钱伟杰　周晓琴　盛银波　黄国良
　　　　　应杰耀　刘维亮　张　斌　金祝飞　王舒清
　　　　　郑　琦　魏泽民　朱　剑　陈　琰　沈　华
　　　　　宋云峰　陈耀君　陆怡菲　王　强　闫　威
　　　　　周一飞　怀月容　陈　吉　周宜昌　王　宁
　　　　　吕妤宸　赵长枢　孙赵辰　王昱杰　许明敏
　　　　　魏信伍　施敏达　任宝平　钱辰雯　陆雅婷

前言

新形势下，数字化转型已经成为大势所趋，以数据和数字技术为基础支撑的数字化转型正深刻影响着这个时代。能源电力作为经济社会发展的重要物质基础，除了保障电力安全可靠供应，还担负着清洁低碳转型、助力完成"双碳"目标的重大战略任务。电网连接电力生产和消费，是重要的网络平台，是能源转型的中心环节。构建新型电力系统、促进能源低碳转型要求数字技术与实体电网深度融合，提升电网数字化水平是数字经济发展的必然趋势，探索开展电力大数据价值挖掘，推进数字技术在电网各环节、各领域广泛应用，对驱动电网流程再造、业务重塑、管理优化，改进电网运营模式和管理方式具有重要意义。

本书《电力大数据价值挖掘与应用》的编写旨在为读者提供一本关于电力大数据管理和挖掘应用的实用指南，让读者能够了解大数据技术基本概念、挖掘方法和应用场景，掌握电力大数据管理、分析和应用技巧，提高电力企业的数据管理和应用水平，推进电力行业的智能化和高质量发展。

本书共包含四章，分别为电力大数据基础、电力大数据技术、电力大数据应用案例、电力大数据技术展望。第一章为电力大数据基础，介绍了电力大数据概念、特点、现状，以及电力大数据挖掘的基本流程和思路，帮助读者快速了解电力大数据概念、开展电力大数据挖掘和应用。第二章为电力大数据技术，介绍电力大数据获取、挖掘、安全、治理四个阶段用到的相关技术，分析数据质量管理、数据安全等问题。第三章为电力大数据应用案例，坚持业务导向、问题导向，按照"解剖麻雀"的思想方法，对安全生产、营销服务、企业经营、数据增值等业务领域应用进行剖析研究。第四章为电力大数据技术展望，介绍未来大数据挖掘的新技术方向和新应用方向。

本书是供电企业开展大数据价值挖掘和应用的经验总结，希望本书出版为广大读者在数字化转型的探索和实践中提供借鉴和参考。同时，希望越来越多的电力人用上大数据、用好大数据，为新型电力系统建设和能源绿色低碳发展提供有力支撑。

最后，我们感谢所有为本书出版做出贡献的人，包括编写者、审稿者、出版社和所有支持本书出版的读者。由于编写者水平有限，时间仓促，书中难免存在疏漏和不足之处，望广大读者不吝批评指正。

编写组

2023 年 9 月

目录

第一章 电力大数据基础

第一节 电力大数据概述

我国正处于数字信息化迅猛发展的时代，信息量呈现出爆炸式增长的态势。我们在充分享受信息化带来资讯方便和快捷的同时，也正面临着全球信息化资源前所未有的快速生长。在这一浪潮下，社会各领域开启数字化进程，我国随之进入大数据时代。2011年，中华人民共和国工业和信息化部（简称工信部）就把信息处理技术列为四项关键技术创新工程之一，为大数据产业发展奠定了一定的政策基础。2014年，大数据首次被写进我国政府工作报告，大数据产业上升至国家战略层面。此后，国家大数据综合试验区逐渐建立起来，相关政策与标准体系不断被完善，到2020年，我国大数据解决方案已经发展成熟，信息社会智能化程度得到显著提升。2022年，ChatGPT（Chat Generative Pre-trained Transformer）、数据分析等相关技术的发展，为大数据的应用带来了更广阔的前景，2022年，我国大数据产量达8.1ZB，大数据产业规模达到1.57万亿元[1]。

中国大数据产业从萌芽到如今渐成体系，已走过将近10个年头。"十四五"开局之年，大数据产业也进入了集成创新、深度应用的新阶段。大数据在医疗、工业、交通等领域的融合应用技术加快创新突破，大数据融合应用重点从虚拟经济转变为实体经济；大数据底层技术方面，信息安全、模式识别、语言工程、计算机辅助设计、高性能计算等加快突破，大数据技术领域逐渐补齐短板，并进一步强化长板。

随着科技的不断发展，数字经济时代的到来，各行各业逐步走上数字化转型必经之路，我国大数据产业已进入了集成创新、深度应用的新阶段。作为中国经济社会发展的"晴雨表"，电力数据以其与经济发展紧密而广泛的联系，将会对我国经济社会发展形成强大的推动力[2]。

电力是社会生产和生活不可或缺的关键能源，每天使用量巨大，因此电力系统每时每刻都在产生电力大数据，目前体量已达到PB级[3]。这些电力数据不仅对供电公司运营起到了重要作用，在辅助社区开展人口普查、人员流动监控、特殊群体监控、治安管理监督等工作中同样实现了极大的价值[3]。电力数据规模巨大，所包含的信息繁杂，虽然价值量很高，但是利用起来很困难，因此如何从电力大数据中挖掘有价值信息成为当下研究的热点话题。2013 年 3 月，中国电机工程学会电力信息化专业委员会发布《中国电力大数据发展白皮书》，将 2013 年定为"中国大数据元年"，掀起了电力大数据的研究热潮。

电力大数据不同于传统的电力数据[4-7]，其数据量巨大、类型多样、获取难度大、处理效率要求高等特点对相关技术的发展和应用提出了诸多挑战。但电力大数据也为各领域的应用带来了前所未有的机遇和价值，特别是在人工智能、大数据分析等领域，电力大数据正不断向更高层次、更深层次的智能化、精细化应用迈进。

一、电力大数据的定义

电力生产和电能使用过程中，通过传感器、各类监控设备及其他各种数据采集渠道，收集到海量结构化、半结构化及非结构化的电力业务数据，这些数据统称为电力大数据，是供电公司的新型资产[8]。对电力大数据深入挖掘，能够帮助供电公司做好电力系统规划、决策和管理，提高电力供应的可靠性和安全性；为能源消费者提供更加个性化的服务，提高用电效率，降低能源成本[9]；也能够为政府、居民等不同社会主体提供帮助。

二、电力大数据的来源

电力大数据的来源非常广泛，包括物理电网（如发电、输电、变电、配电、调度等环节）运维、供电营销服务（如用电服务及用户互动、服务地区社会经济等）和电力企业运营（如企业内部人财物管理与决策，以及服务政府、社会等)[10]，电力大数据的来源非常广泛。

（1）发电系统。发电系统是电力大数据的主要来源之一，主要包括发电机、锅炉、燃气轮机等发电设备通过传感器、计量仪器等设备监测发电过程中的温度、压力、电量等参数数据，并将数据传输到电力系统的数据中心进行存储和分析。

（2）输变电系统。输变电系统中的设备如变压器、开关设备等也会通过传感器等设备监测发电过程中的温度、电流、电压等参数数据，并将数据传输到数据中心进行存储、处理和分析[11]。

（3）配电系统。配电系统中，变电所、配电房等设备都会通过传感器等设备监测用电过程中的数据，如电流、电压、负载等参数数据。

（4）用户用电数据。用户用电数据是电力大数据的另一个重要来源。通过智能电能表、智能电能管理系统等设备，可以采集用户的用电数据，包括用户用电负荷、用电量、用电时间、用电习惯等信息。

（5）市场相关数据。市场相关数据包括电力市场价格、煤炭价格、油价等相关能源市场信息，也是电力大数据的一个来源。这些数据可以帮助电力企业了解市场需求、市场价格等信息，对电力生产、调度和交易等问题进行决策。

本书开展的数据分析主要指电网侧数据，主要包括设备资产、客户服务、电力能量流三类数据。通过采集、处理和分析这些数据，可以帮助电力企业掌握电力系统的运行情况，优化供电计划和服务质量，提高供电的可靠性和质量。

三、电力大数据的特点

（一）数据体量大

数据体量大是电力大数据最主要的特点。电力作为全球经济发展、社会生产的基础[12]，电力大数据涉及生产经营，电网管理，客户服务实践等所有业务领域，电力用户覆盖全行业及全社会居民，电力数据包括实时和非实时数据，其发生频率包括年、月、日、时、分、秒、毫秒等，具有覆盖面广、产生来源多、业务主体多、数据频度高、多样性强的特点。随着高级配电自动化技术在配电管理中广泛应用，电力企业数据体量进入快速增长拐点，而后随着电力企业信息化快速建设和智能电力系统的全面建成，电力大数据体量保持迅猛增长，其增长速度将远远超出电力企业的预期[13]。这些数据量的庞大和多样化给电力企业带来了挑战和机会，如何高效利用这些数据为行业业务提供更好的支持和价值也是电力企业数字化转型的重要任务。

（二）复杂度高

数据复杂性高也是电力大数据的重要特点。传统上，电力系统数据源主要包括电能表计量计费数据，电流、电压等电力参数，设备状态监测数据等，而智能电网时代随着传感器、信息传播技术、多媒体技术的发展，以及各类电力信息化管理系统的普及，图像、视频等非结构化数据在电力数据中的占比不断加大，数据来源的复杂性和多样性与过去不可同日而语。电力大数据中的数据维度非常高[14]，包括时间、空间、属性等多个维度，加大了电力大数据的复杂性，对电力数据关联整合、维度管理提出了更高的要求。与此同时，随着各行各业的数字化转型，电力大数据应用更强调与各类外部数据的关联引用，如政府经济数据、社会管理数据、环境保护数据、气象数据等，这些直接增加了数据的复杂性。复杂多样的数据为电力大数据应用提供了更为丰富的场景，也极大地提高了电力大数据分析的难度，需要更健全的数据模型、更丰富的算法技术，以实现对电力系统的高效管理和运维[15-21]。

（三）价值高、密度低

电力大数据中包含了很多有价值的信息，通过对这些信息的深入分析和挖掘，为电力保障和经济发展赋能，推动社会进步，是电力大数据价值挖掘的目标。例如，通过电力大数据的分析，可以预测潜在的设备故障和电网故障，提高电网安全性和可靠性；可以分析用电负荷趋势，优化电力调度计划，从而提高电力系统运行效率，降低电力系统的运行成本；可以预测市场需求，为售电方案决策提供重要支持，从而提高电力企业的运营效益和市场竞争力；可以通过设备历史数据分析，实现更好的故障预警，优化设备维护计划，提高电力维护团队工作效率，提高电力服务水平，促进电力企业生态建设。

（四）时效性强

电力大数据中的很多数据都具有时效性[22]和实时性要求，需要在最短时间内进行采集、传输和处理，以适应电力系统实时管理的需求。因此，大数据时代，数据快速处理和实时分析技术对电力企业尤为重要。例如，可以采用物联网和传感器技术，对电力系统各类设备和环节进行监测和采集，将采集到的数据实时传输至云端，并通过云计算和大数据技术，实时分析和挖掘数据，提高数据处理效率和质量[23]。此外，还可以利用人工智能和机器学习技术，构建预测模型和优化模型，实现对电力系统的智能化管理和优化调度。这些技术手段可以大大提高电力大数据处理的效率和质量，进而帮助电力企业实现电力系统的实时管理。

四、电力大数据的分类

电力大数据可以按照数据来源、数据类型、时效性等方式进行分类。针对不同的分类，往往需要采取不同的数据处理、存储、分析、展示方法；在不同的应用场景下，也往往需要采用不同的维度对数据进行分类。

（一）按照数据来源分类

电力设备数据：包括发电机数据，如电机温度、电机振动、电机转速、功率等；变压器数据，如油温、局部放电、绕组温度、负载率等；开关数据，如开关状态、操作次数、故障次数等；输电线路数据，如线路电流、电压、温度、杆塔位移等；配电设备数据，如开关柜、配电箱、接地装置等数据；电度表数据，如电量、质量、功率因数等数据。其他设备数据：包括电池、不间断电源（uninterruptible power system，UPS）、空调等设备数据等。

能源数据：包括发电量、用电量、负荷率、功率、能耗等数据。

负荷数据：包括用电负荷、峰谷电价、负荷预测等数据。

天气数据：包括温度、湿度、风速、降雨量等气象数据，以及气象预测数据。

用户数据：包括用户用电行为、消费结构、用户类别等数据。

（二）按照数据类型[24-27]分类

结构化数据：结构化数据指数据在采集和存储过程中已经规定了数据格式和字段，并能够进行关系型查询。例如，电力系统中的负荷数据、能源数据、电价数据等。

半结构化数据：半结构化数据指数据库中没有明确定义的数据格式，但其中包含的一些标签或标记可以揭示数据间的语义关系，并且可以用于查询、分类和组织。例如，XML、CSV等格式的文件，以及在电力系统中采集的部分设备数据、传感器数据和监测数据等。

非结构化数据：非结构化数据没有明确定义的数据格式，通常包括电子邮件、图片、视频、音频、文本书档等。在电力系统中，非结构化数据主要指电力系统运行过程中产生的实时监测数据、报警信息、故障诊断结果等，这些数据格式和内容都不规则，需要特殊的工具和技术来进行数据挖掘和分析。

五、其他电力大数据相关概念

围绕数据价值应用目标，以下是一些常见的相关概念。

（一）数据处理方式

在线处理数据，指实时处理电力系统中产生的数据，并直接将处理结果返回到电力系统中。例如，电力负荷预测、短期功率预测等应用场景。

离线处理数据，指对历史数据或者批量数据进行处理，然后将处理结果存储在数据库中供后续使用。例如，电力系统中的数据挖掘、数据分析、智能决策等应用场景。

在线处理数据和离线处理数据是两种不同的数据处理方式，对应着不同的数据处理需要、实时性和应用场景。在线处理数据通常应用于需要迅速响应和处理的电力数据场景，例如，电力负荷预测和平衡、故障诊断和处理等；而离线处理数据通常应用于对历史数据进行深度分析、挖掘和预测的场景，例如，电力数据建模、电力质量分析、电力市场研究等。

（二）电力大数据应用场景

能源管理，包括能源消费分析、能源管理系统、能源运营优化等。

电力市场交易，包括电力交易平台、市场分析预测、电力供需预测等。

电力设备健康监测，包括设备运行状态监测、故障诊断与预测、设备维护保养等。

配电网建设优化，包括配电网规划、智能配电、配电设备监测等。

智能家居应用，包括家庭能源管理、智能电器控制、能效分析等。

（三）电力大数据处理常用技术

数据采集，使用传感器、监测器、数据仓库等手段，将电力系统中的各类数据采集并传输。

数据存储，使用关系型数据库、非关系型数据库（not only SQL，NoSQL）、Hadoop 等大数据存储技术，将采集到的数据存储起来。

数据处理，使用各种数据处理技术，对采集到的数据进行清洗、集成、转换、预处理、分析等。

数据查询，使用结构化查询语言（structured query language，SQL）或其他查询语句，从数据仓库中查询需要分析的数据。

（四）电力大数据挖掘常用技术领域

数据分析，包括数据仓库技术（extract-transform-load，ETL）（数据抽取、转换、加载）、统计分析、数据可视化等。

数据挖掘，包括数据预处理、分类、聚类、关联规则挖掘等。

机器学习，包括监督学习、非监督学习、半监督学习等。

人工智能，包括自然语言处理、语音识别、图像识别等。

第二节　电力大数据发展现状

一、电力大数据的发展历程

中国电力工业经过几十年高速发展，并随着智能化电力系统的全面建设，迄今已构成我国规模最大的数据平台。对整个电力工业而言，电力大数据贯穿未来电力工业生产及管理各个环节，并起到独特而巨大的作用，是中国电力工业打造下一代工业系统过程中，有效应对资源有限、环境压力等问题，实现厚积薄发、绿色可持续发展的关键[28]。

2013 年是中国大数据元年，中国电机工程学会电力信息化专业委员会发布《中国电力大数据发展白皮书》，是我国首个行业大数据白皮书。该书首次对电力大数据进行梳理和分析，提出电力大数据的定义和特征，同时指出重塑电力核心价值和转变电力发展方式是中国电力大数据两条核心主线，并强调中国电力企业要制定切合自身发展策略，因地制宜开展电力大数据实践。

2015 年，国家电网有限公司（以下简称国家电网公司）发布《国家电网公司大数据应用指导意见》，对国家电网公司大数据应用建设提出阶段性目标。2016 年，国家电网公司发布《国家电网公司"十三五"科技战略研究报告》，指出"十二五"期间"先进计算与电力大数据技术取得良好开端"，但同国际领先水平仍有一定差距。2019年，国家电网公司成立大数据中心，成为国网数据管理的专业机构和数据共享平台、数据服务平台、数字创新平台，助力公司提高资产利用效率和全要素生产率；对外服务政府、服务社会、服务客户，推进能源大数据生态体系构建。

2023年，中国南方电网有限责任公司（简称南方电网公司）在全国大数据标准化工作会议暨全国信标委大数据标准工作组第九次全会上，发布了《南方电网公司电力数据应用实践白皮书》。白皮书通过展示南方电网公司的数字化变革之路，明确数据应用发展路径，为能源电力行业数据应用提供策略框架和可行路径，为全社会层面的数据开发利用与价值创造提供有益参考，为建设数字中国、发展数字经济贡献"南网智慧"。

二、电力大数据基础设施建设情况

电力大数据基础设施建设指在电网上游、中游和下游，开展以5G、大数据中心、云计算、物联网、人工智能、区块链、工业互联网等为代表的"数字新基建"，形成电力"瓦特"流和数据"比特"流的物理连接，为电力网和数据网融合集成打下硬件基础。在能源行业构建新型电力系统的当下，"数字新基建"能够从以下五个方面加快新型电力系统建设进程，助力"双碳"目标实现。

（1）促进新能源大规模开发利用，助力新型电力系统实现动力变革，加快能源生产清洁化、低碳化。"数字新基建"能够改善新能源随机性、波动性、不确定性等特征进而对新型电力系统电力电量平衡和安全稳定运行带来了挑战。

（2）提升新型电力系统的效率、效能，促进多个主体之间实现业务协同和高效协作，推动能源利用高效化、集约化。"数字新基建"能破除传统能源行业间的壁垒，实现石油、煤炭、天然气、电力、热力等不同类型能源的互联互通、深度融合和高效利用，以及源网荷储各个环节的可观、可测、可控，提升新型电力系统的综合利用效率和整体效能。

（3）缓解信息不对称的状况，提升市场透明度，增进各方互信，降低投资、运维、交易等各类成本。能源大数据中心、人工智能等"数字新基建"能够提升电网投资的精准性和有效性，催化出虚拟电厂等众多能源领域的新业态、新模式，降低电网投资的整体规模。

（4）重塑新型电力系统的价值创造体系，支撑能源企业积极创新商业模式，促使能源领域的新主体、新业态、新模式不断涌现。"数字新基建"改变了能源生产者和消费者的身份和地位，使能源产消者从虚拟走向现实，能源产销过程从单向转向闭环，支撑能源企业加快推进数据资产化进程，正在重塑新型电力系统的价值创造体系。

（5）助力提高电力市场安全性。基于电力大数据，能源监管机构能够开展电力市场主体的信用评价分析，综合评估参与电力市场交易各市场主体的基础属性、市场行为等数据和信息，防范电力市场主体的信用风险，并为供应链、金融等应用提供支撑。

2020 年以来，能源电力企业在"数字新基建"方面持续加大投入，各项重点领域的"数字新基建"项目加快推进，为新型电力系统建设和能源高质量发展奠定了基础。2022 年，国家电网公司召开"数字新基建"重点建设任务发布会暨云签约仪式，面向社会各界发布"数字新基建"十大重点建设任务，并与华为、阿里、腾讯、百度等合作伙伴签署战略合作协议，着力推动数字技术与传统电网产业深度融合发展，加速产业数字化和数字产业化，以电网数字化转型助推经济社会高质量发展。

三、电力大数据应用场景

大数据应用涉及电力企业的各个业务领域，目前较多的应用场景主要体现在以下七个方面：

（1）规划——提升负荷预测能力。通过对大数据的分析，利用数据挖掘技术，更准确地掌握用电负荷的分布和变化规律，提高中长期负荷的预测准确度。

（2）建设——提升现场安全管理能力。对现场照片进行批量比对分析，利用分布式存储、并行计算、模式识别等技术，掌握施工现场的安全隐患，核查安全整改措施的落实情况。

（3）运行——提升新能源调度管理能力。利用机器学习、模式识别等多维分析预测技术，分析新能源的出力与风速、光照、温度等气象因素的关联关系，更准确地对新能源的发电能力进行预测和管理。

（4）检修——提升状态检修管理能力。研究消缺、检修、运行工况、气象条件等因素对设备状态的影响，以及设备运行的风险，利用并行计算等技术实现检修策略优化，指导状态检修的深入开展。

（5）营销——提升对用电行为的分析能力。扩展用电采集的范围和频次，利用聚类模型等挖掘手段，开展对用电行为特征的深入分析，并实施区别化的用户管理策略。

（6）运监——提升业务关联分析能力。利用流式计算、可视化和并行处理等技术，实现全方位在线监测、分析、计算，通过聚类和模式识别技术，解决对跨业务的关联分析、数据因子分析、数据诊断规则和算法，提高数据质量监控水平和治理能力。

（7）客服——提升服务效率。对客服录音进行实时监管，利用模式识别、机器学习等技术，对热点问题的服务资源进行优化分配，提升交互水平。

四、基层供电企业电力大数据的应用现状

基层供电企业作为服务用户的最后一公里，涉及众多数据，包括安全生产、营销服务、企业经营和增值服务等，供电企业已建成物业管理系统（property management system，PMS）、营销系统、财务系统等一批信息化管理系统，实现了业务全覆盖，并构建资产全生命周期管理、客户服务等企业管理体系。

很多地县供电公司在电力大数据应用上做了很多的尝试。

（一）拓展应用电力大数据技术

能源互联网时代下，电力大数据概念延伸至多种能源领域，成为能源大数据。在涵盖能源生产、配送、转换、消费的全生命周期的业格局下，拓展应用电力大数据技术，开展能源大数据应用，发挥能源产业数据资源优势，形成具有平台特征的能源生态系统，提高能源应用各个环节的市场竞争力，带动能源产业革命与电网企业转型。

（二）创新应用电力大数据商业模式

数字化转型时代，能源电力数据应用模式不再局限于内部数据挖掘，而是注重不同专业电力数据之间、内部数据与外部数据之间的数据融合和联合分析。进而从数据关联扩展到产业关联，并通过平台、产品和服务等多种载体和形式，延伸产业价值链，创新商业模式。

（三）推动社会变革与经济转型

人类历史上的三次工业革命都具有其标志性的能源和产业。第四次工业革命到来之际，大数据与"能源革命"相融合，将会标志着巨大的社会变革与经济转型。能源数据是社会生产和经济发展的"晴雨表"，有效运用能源大数据，能够促进智慧城市、智能家居、电动汽车等产业的发展，提高社会管理、经济发展的决策水平，从而推动人类社会的发展变革。

第三节　电力大数据应用工作方法

一、数据挖掘基本流程

数据挖掘可简单归结为从大量数据中抽取知识，挖掘出未知并有价值的模式或规律的过程，是统计学、数据库技术和人工智能技术的综合。随着数据挖掘一词被广泛使用和普遍接受，亦可表示从大量数据中发掘有趣或有价值的知识。

经过多年发展，数据挖掘工作衍生出很多流程和方法，其中，最常用的流程为跨行

业数据挖掘标准流程（cross-industry standard process for date mining, CRISP-DM[29]）。该流程生命周期主要包含六个阶段，即业务理解、数据理解、数据准备、模型构建、模型评估、模型实施。

业务理解指通过深入理解业务需求，获取对业务现状的深刻认识和了解，明确业务目标，设计应用场景，确定数据挖掘主题、思路和目标。业务专家需要基于业务的角度了解需求和具体的问题痛点，思考如何以数据挖掘的角度定义和完成目标的初步计划，规划所需数据及分析方法，明确数据挖掘需要解决的问题及达成的目标。业务理解应重点突出数据挖掘工作有清晰明确的业务需求、应用场景。

数据理解是另一个重要的数据挖掘前期工作。业务专家和数据分析人员需要充分熟悉数据及其内部属性、识别数据质量问题和局限性，找出可能影响数据挖掘主题的因素。明确数据是否能够解决相应业务需求和问题痛点，是否需要更多外部数据，以及成本估算等。数据理解的重点工作内容为熟悉数据、描述数据、识别探索数据，确定需要收集、清洗的数据，明确各项数据的标准名称。

数据准备主要体现为将目标数据由原始数据或数据库中提取，建立业务所需数据的最终数据集，为下一阶段建立模型做准备。该阶段较为耗费时间，需要将明确的业务所需数据进行整理、清洗、转换等工作，但各项工作并不一定需要预先规定执行顺序，且往往需要根据后续任务进行多次数据准备处理。数据准备应遵循相关性、可靠性、时效性原则，以数据挖掘目标和业务需求为出发点。此外，还需根据建模需要，从样本数据中抽取一定比例数据用于模型训练、评估验证和测试，为建立模型和模型评估阶段做准备。

模型构建的主要任务是建立数据与数据之间的关系，找出数据中的规律。在这一阶段将根据业务需求使用多种建模方法，如预测性选择分类、回归或时间序列分析等算法，描述性选择聚类分析、关联规则挖掘等算法。通过多种建模方法的对比，评估模型及其参数，最终校准为最优解。同时，需要注意建模方法是否对数据存在额外的要求，如有则需要回到数据准备阶段重新调整数据。本阶段中，需要注重数据表间的关系及业务在模型中的逻辑表达，进而完成数据表关系搭建。

模型评估是在模型发布前对其进行更加全面的评估，检查建模全过程，确保模型设计符合业务目标。评估过程需要注重模型与实际业务目标间是否存在差距，是否存在遗漏的重要业务问题，如有则需迭代升级，直至模型设计趋于完善。本阶段，可进行小范围应用，取得相应测试数据，得到较为满意的验证结果后再大范围推广实施。

模型应用阶段将通过验证评估的模型和数据挖掘成果以业务方能够使用的方式呈现出来。根据业务需求的不同，模型应用可以是对算法模型的固化实施、数据分析报告的编写、可视化看板和工具的部署等多种形式，同时也包括定期检查模型和数据挖掘结果的性能、准确性，数据定期迭代更新等后期维护。本阶段的关键是集成性、可用性及可维护性，即数据挖掘结果需要较好地集成到组织的技术基础架构和业务流程中；结果分析与应用方式应是较为直观、易于操作的；成果能够支持定期维护，使得数据挖掘结果持续支撑业务需求。

二、电力企业大数据应用基本特点及步骤

各级电力企业数据存量大且接入业务领域全面。海量的数据需要进行挖掘以达到对业务开展和运营工作赋能。基于数据挖掘的通用流程梳理，投射至电力系统，需要对电力系统的数据挖掘进行细化解读和应用，同时明确数据挖掘各个流程环节应介入的角色及其职责。

根据数据挖掘通用流程，结合电力企业实际业务场景和数据资源，具体数据挖掘阶段需要业务人员、数据分析人员及项目管理人员等各角色紧密配合，完成电力企业大数据应用及数据挖掘工作。电力大数据挖掘基本步骤如图1-1所示。

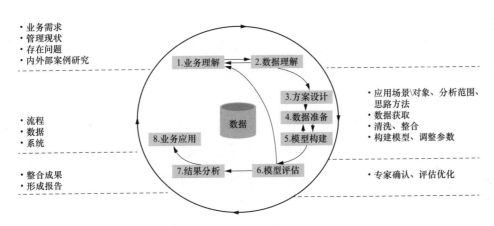

图1-1　电力大数据挖掘基本步骤

（一）业务理解

本阶段为数据挖掘第一阶段，初始工作需要深入分析业务需求，获取对业务现状的认识和理解，明确业务逻辑和需要达到的业务目标，并对数据应用场景进行设计和关键因素分析，确定数据挖掘和分析工作主题、思路和目标。重点应为明确业务需要分析的目标和解决的问题，将业务目标转化为数据挖掘主题，将业务需求转换为目前数据能够支撑的分析需求。该阶段需要业务专家与数据分析人员紧密配合，业务专家提供相关电力业务建议和对电力业务进行解读，数据分析人员则提供数据条件建议，同时项目管理人员需要主导选题方向并参与业务场景设计、数据需求的讨论中。基于业务需求和数据

条件，业务专家与数据分析人员需要对数据挖掘工作进行调研，明确业务需要、管理现状、存在问题，并提出业务所需数据及数据分析的方法。

这一阶段将制定具有业务价值并切实可行的分析目标，主要工作内容如表1-1所示。

表1-1　　　　　　　　　　　场景分析工作

工作内容	依据	需解决问题
业务需求讨论	业务状况、未来业务规划	一个分析方向是否对当前业务工作或下一步工作规划有意义；该方向是否具有持续分析的价值；这一方向上的分析机制是否清晰
数据条件分析	业务应用系统（数据来源）	有哪些相关数据；数据的时间跨度、数据量、数据质量如何；数据获取难度及其中的障碍如何；未来的数据来源是否有保证

通过对业务和数据的反复讨论分析，逐步细化和明确，落实业务需求并确定相关数据条件，从而确定切实可行并具有当前和未来价值的分析目标。

（二）数据理解

此阶段，需要数据分析人员进行主导，帮助业务人员及项目管理人员明确对数据的理解，确定数据载体、数据体现形式和数据存储位置，识别数据质量问题，制订数据挖掘和分析方案，将业务逻辑与数据逻辑相结合。具体体现在以下三个方面：

（1）需要业务专家根据业务理解，提供相应业务逻辑，同时结合数据挖掘调研结果，与数据分析人员一同将业务逻辑映射数据逻辑。

（2）数据分析人员则需要明确数据条件，包括数据收集的类型和范围、数据的颗粒度、数据收集的方法。

（3）数据分析人员主导，业务专家和项目管理人员配合制订数据挖掘和分析具体实施方案。

这一阶段将制订数据挖掘和分析方案，制定依据是针对需求目标的业务逻辑、从业务逻辑中产生数据逻辑，主要解决表1-2中的问题。

表1-2　　　　　　　　　　制订数据分析方案及数据需求

工作内容	依据	需解决问题
提取业务逻辑	场景分析目标	该业务在实际工作中的完成情况如何；其中的业务逻辑如何描述；通过数据分析研究是否能对业务逻辑有提升；提升后的业务逻辑如何描述；如何细化为可执行的步骤

续表

工作内容	依据	需解决问题
建立数据逻辑	业务逻辑、数据条件	业务逻辑在每一个环节如何量化； 每个环节分别涉及哪些数据； 依据业务逻辑，这些数据之间的关系如何； 这些数据来源分别是什么； 数据来源之间的相关关系如何，是否与业务逻辑一致；若不一致，为了取得对业务逻辑的支撑，可以采取什么措施

（三）数据准备

数据准备主要通过手工或数据库接口等方式开展收集工作，包括内部和外部数据，对数据进行清洗、集成、转换和规约，形成用于建模的规范化、高质量数据集。该阶段具体工作主要体现为业务专家确定数据要求，筛选出需求迫切、易出成果及数据基础较好的电力业务主题；数据分析人员根据相应数据和业务逻辑，收集、清洗、集成对应所需的电力数据，形成可供使用的数据集。形成数据集后，需要进一步将电力数据降维、转换、脱敏等，提高数据实用性、安全性，将电力数据转换或统一为适合数据分析建模的形式。

（四）模型构建

数据挖掘模型构建指从大量的、不完全的、随机的数据中提取潜在有用的信息和知识的过程。模型构建的一般性方法是通过训练数据集，应用算法建立预测模型，运用因变量未知的测试数据集预测未知样本的因变量取值。

模型构建工作中，业务专家需要提供符合电力企业业务逻辑和数据逻辑的执行目标，协助数据分析人员寻找特征变量并修正模型指标设计，选取符合业务需求的建模工具和算法，如决策辅助、用电峰谷预测、电网故障诊断与监测等不同的场景需要应用分类、回归、聚类分析、关联规则挖掘等不同的算法。

数据分析人员根据前置阶段的数据建立数据训练集和测试集，确保模型训练和验证所需电力数据质量和数量，若发现数据存在问题，则应回到数据准备阶段将问题解决。建模过程中，数据分析人员还应把控数据挖掘技术方法，选择提升度高、置信度高、简单易于总结电力企业业务需求的方法，同时业务专家需要把控模型对于业务逻辑和数据逻辑的表达，是否符合既定电力企业业务需求和数据挖掘主题。

（五）模型评估

数据挖掘模型构建完成后应对模型进行可用性、准确性等方面进行评估。在此阶段，可依托业务专家和数据分析专家进行联合评估，数据分析专家主要负责评估模型的准确率、精确度、覆盖率等指标是否合格；业务专家则通过模型测试运行得出的数据及结果，确认模型与电力企业业务需求的契合度，是否达成相关业务目标，解决业务问题。

模型评估结果良好即可进入部署阶段，如评估结果不能满足业务需求或出现技术上不达标，则需要回到前置阶段，重新建模或调整校准数据集。此外，还需要根据评估结果，检查是否遗漏或存在部分无法满足的业务需求，进而对模型进行持续迭代优化，使之最终达到可供部署的状态。

（六）模型应用

本阶段为数据挖掘工作的最终阶段，通过前期数据准备、模型构建和评估优化，最终形成符合业务需求的数据挖掘模型或数据挖掘分析结果。在基层供电企业中，这一阶段往往不仅限于对模型开发代码的部署实施，而且根据业务需求，包括多种不同的应用形式，如电力大数据平台应用的部署、电力大数据应用分析报告的发布、基于用数环境的应用看板工具开发、基层创新平台的成果发布等。一般来说，数据分析人员可将最终模型、相关代码、工具或数据挖掘结果全部移交业务专家，指导业务专家自行完成数据挖掘结果应用工作，将数据挖掘结果或模型应用于具体业务。结果应用部署或发布后，数据管理人员应保障数据挖掘结果所需各类数据的调用、更新，而业务专家则可持续监控模型运行和数据挖掘结果输出，根据业务发展和业务调整方向，提出迭代升级意见或根据业务需求淘汰该数据挖掘结果。

（七）工作组织

基层供电企业电力大数据应用工作各项任务离不开相关电力业务专家、业务系统数据维护专家、中台数据专家、数据分析专家等角色的深度参与、密切合作。项目各阶段人员主要角色如表1-3。

表 1-3　　　　　　　　　　　项目各阶段人员主要角色

阶段任务	人员主要角色			
	业务专家	数据管理技术人员	数据挖掘分析人员	项目管理人员
业务理解	明确业务目标、识别业务问题、细化业务场景	数据条件建议、现有可用数据、检查数据质量	从数据挖掘分析角度对可能的主题进行探讨，主持对业务人员和数据管理人员的调研	主导选题方向和讨论，参与业务场景设计和数据调研
数据理解	提供电力业务逻辑，与数据挖掘分析人员一同将业务逻辑映射到数据逻辑	提供数据逻辑，协助业务专家将电力业务逻辑映射数据逻辑	制订数据分析方案、明确数据条件、数据挖掘分析意见	整合数据逻辑与业务逻辑，了解可供使用的数据情况
数据准备	明确数据类型和范围、确定数据要求、筛选业务主题	根据业务需求和数据逻辑，收集、清洗、集成相关电力数据，形成可供使用的数据集	进一步将数据降维、变换，提高数据实用性，将数据转换或统一为适合数据分析建模的形式	把控数据质量，确保数据集符合数据逻辑和业务逻辑需求

续表

阶段任务	人员主要角色			
	业务专家	数据管理技术人员	数据挖掘分析人员	项目管理人员
模型构建	提供执行目标，协助数据分析人员寻找特征变量，修正指标设计	建立数据训练集和测试集，确保模型训练和验证所需数据质量和数量	在训练集的基础上应用学习算法，建立预测模型，把控模型与训练集的拟合度	把控模型构建进度，协调指标设计与模型验证
模型评估	对数据评估和优化方向提供业务建议，优化业务逻辑	对模型评估和优化方向提供数据条件建议，优化数据逻辑	具体实施数据模型评估验证，根据模型评估结果对模型进行优化迭代	整合模型评估结果和优化方向，迭代后进行模型部署准备工作
模型部署	将数据挖掘模型部署到实际业务中	保障模型部署后相关电力数据调用	移交数据挖掘模型，指导业务专家进行模型实际部署工作	完成项目结题

第二章 电力大数据技术

通过对数据中台和电力大数据价值挖掘实用方法、案例的分析总结，形成完整数据中台数据获取、数据准备、数据挖掘及数据中台各类组件实操、应用开发流程指南。现阶段数据中台基于国网云平台构建，应用数据开发、数据接入、数据计算存储、数据服务等功能板块共计19种组件，可应对数据挖掘、数据应用开发等多个用数场景。电力大数据价值挖掘方法总体上可归纳为将专业系统、业务中台等数据汇聚至数据中台，进而提供数据查询、接口服务、数据应用等统一数据服务，根据不同数据服务产生具体数据使用流程，包括明确数据需求，基于数据需求执行数据查找和数据申请，获取响应数据后通过魔数、DataWorks等数据查询环境进行数据挖掘或遵循指南、操作手册进行数据服务开发、数据应用开发等操作。

第一节 数据中台概览

一、数据中台概况

数据中台是企业级数据能力共享平台，能够汇集公司内部和外部的各种数据，并具有数据可见、组件成熟、体系规范的显著特点。数据中台能够实现对数据资源的全量管理，并提供统一数据存储、计算及分析应用服务，从而满足不同专业领域之间、不同层级之间的横向和纵向的数据共享与分析挖掘需求。

参照国家电网公司业务领域划分标准，国网浙江电力数据中台接入数据涉及十大业务领域，各业务领域数据核心来源系统如表2-1。客户域数据主要来源营销2.0、用采系统，电网域数据主要来源调控云，资产域目前主要接入电网资源业务中台资产和台账数据，财务域目前主要来源ERP系统、财务管控系统，物资域主要来源ERP系统、智慧物资供应链等。

二、数据中台功能组件

数据中台基于国网云平台构建，涉及数据接入、数据计算存储、数据服务、数据开发、数据管理等，共采用19种组件。

表 2-1　　　　　　　　　　　接入数据中台的各业务领域核心来源系统

序号	业务领域	简称	业务领域描述	核心系统
1	人员域	HR	人员主要描述了企业人力资源管理的相关信息，主要包括用工、组织、员工、薪酬、培训、绩效等相关内容	人才培养全过程管理平台、浙江绩效管理系统等
2	财务域	FIN	财务主要描述了企业会计核算及财务管理的相关信息，主要包括总账、应收、应付、资金、预算、成本、财务报表、资产、产权等相关业务	ERP 系统、国网财务管理系统、国网财务协同抵销系统等
3	物资域	MAT	物资主要描述了企业物资供应全过程管理的相关信息，主要包括供应商、物料、采购、库存、配送、核定等相关业务	ERP 系统、智慧物资供应链、供应商综合管理一体化平台等
4	资产域（设备）	AST	设备主要描述了企业拥有的设备资产机器运行、检修灯相关信息，主要包括功能位置、发电设备、变电设备、输电设备、配电设备、设备监视、设备缺陷、作业过程等相关内容	设备（资产）运维精益管理系统（PMS2.0）、设备全生命周期管控系统、电网资源业务中台等
5	电网域	GRID	电网主要描述了电力系统中各种典雅的变电所及输配电线路组成的整体相关信息，主要包括电网拓扑、电网监视、电网操作、运行方式、保护配置、线损、电能质量灯相关业务	调控云、电能质量在线监测系统等
6	项目域	PRJ	项目主要描述了企业基建、技改等各类项目建设的相关信息，主要包括项目组成、项目成本、项目进度、项目协调、项目计划、项目质量、项目技术等相关业务	基建全过程综合数字化管理平台系统、项目评审一体化系统等
7	客户域	GST	客户主要描述了客户及客户设备的基本信息、计费规则信息、抄表计费信息、账单信息、缴费信息、信用信息、客户变更信息等在内的企业潜在用户信息和企业用户信息，主要包括客户基础档案、客户变更、电费收缴、营销服务、客户服务等相关业务	能源互联网营销服务系统（营销 2.0）、国网 95598 客户服务系统、国网用电信息采集系统等
8	市场域	MRT	市场域描述了企业经营过程中发生的企业内部组织之间、企业组织与外部组织之间的商品交易所形成的市场信息，主要包括市场参与者、市场运行、电量计划、市场管理等相关业务	产业集约管控系统、全维度电力市场分析系统等
9	安全域	SAF	安全主要描述了企业运行过程中有关设备、电网和人员的安全检查、培训防护等相关信息，主要包括风险、目标计划、安全过程、安全事件、安全绩效、应急事件等相关业务	数字安全管理平台、国网 E 安全等
10	综合域	ITG	综合主要描述了企业运营过程中除人资、财务、物资、项目、设备、调度、电网、安全、客户、产品、市场、规划、经法、审计之外的相关信息，主要包括协同办公、业务监控、综合分析等相关业务	协同办公系统、经济法律管理业务系统等

数据中台能够通过调用接口为前端应用提供数据服务，同时也可以在省公司提供的

大数据开发治理平台数据开发组件、魔数数据查询平台上进行查询和使用。因此，用户可以通过多种方式来获取在数据中台上存储的数据，同时也可以利用数据中台强大的数据处理能力，进行各种数据处理和分析操作。这些功能都能够有效提高数据的可靠性和可用性，为用户提供更为丰富和高效的数据服务。

基于数据中台的数据获取与应用流程如图 2-1 所示。

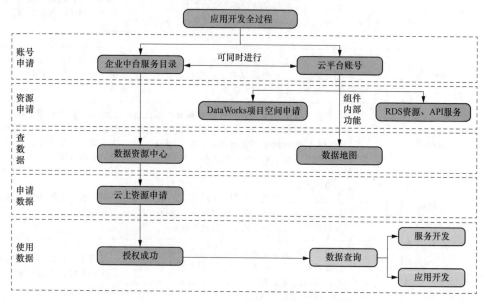

图 2-1　基于数据中台的数据获取与应用流程

（一）数据开发组件

数据工场/大数据开发治理平台（DataWorks）是基于 MaxCompute 的大数据开发和管理工具，具备数据集成、数据开发、任务调度、作业维护，并集成了数据质量、数据保护伞、数据服务等功能。主要支撑目前数据中台结构化数据集成、开发、调度、监控等工作。

（二）数据接入组件

该类型组件主要包括数据集成（data integration，DI）、数据复制（oracle golden gate，OGG）、数据总线（DataHub）、数据传输服务（data transmission service，DTS）及数据交换（SG-UEP）。现阶段数据集成组建已集成在 DataWorks，用户可直接进行数据接入作业的配置。其他数据接入组件主要支持包括异构数据库之间数据复制，流式数据发布、订阅及分发功能，多种数据源之间数据传输服务以及省侧数据中台与总部数据中台数据的上传和下发。

（三）数据计算存储组件

现阶段数据中台数据计算存储组件支持大容量、低延迟的能力，适用于海量明细数据查询、动态列场景、轨迹数据、即时数据查询响应等，同时支持数据在线分析应用、聚合计算等功能。数据计算存储组件中，面向海量数据离线计算和全量历史业务数据存储采用 MaxCompute 产品，业务系统数据通过 DI 以定时全量方式、通过 OGG 以实时增量方式，将数据复制到贴源层，增量数据还需要进行增量数据合并处理，数据经过清洗转换形成公用的明细数据或轻量汇总数据存储至共享层，最后根据具体业务需求将共享数据加工为结果数据存储至分析层。除此之外，该板块组件还有内存计算（maxcompute spark）、实时流式数据处理（Blink）、对象存储服务（object storage service，OSS）及关系型数据库服务（relational database service，RDS），支持多种数据计算处理功能，覆盖实时数据、非结构化数据及结构化关系型在线数据等应用需求。

（四）数据服务组件

数据中台现有 DataWorks 集成服务开发功能，可通过拖拽的方式直接完成应用程序编程接口（application programming interface，API）服务的封装并一键发布至网关API，目前支持营销 2.0、能源大数据等 1600 多个服务的创建。基于数据服务，相关组件还有云服务总线（cloud service bus，CSB），适用于自开发 API 服务的管理和控制；网关 API，用于提供完整 API 托管服务，适用于 DataWorks 数据服务功能开发的 API数据服务；以及 QuickBI 可视化工具、算法服务/机器学习平台（platform of artificial intelligence，PAI）提供相应的数据服务功能，满足各类服务场景需求。

第二节　数据获取

依托电力企业庞大的数据资源进行价值挖掘，切实提升运营管理和数据要素价值释放，首先应明确数据的来源及获取方式，对电力企业数据进行统一管理和调用，充分挖掘电力大数据对电力企业运营发展的潜能。本节分内部数据和外部数据，介绍数据获取途径和方法。

内部数据指来源于电力企业内部的数据。根据其存储和获取方式，可以分为两大类：在线数据和离线数据。在线数据主要通过数据中台获取，获取过程包括两个基本步骤：一是遵循管理流程获取相应的数据权限；二是根据数据的可用性情况选择相应的数据获取方式。离线数据则需要先获得归属部门的许可，然后通过腾讯通（real time exchange，RTX）等方式进行离线传递，一般是数据表格或文本格式。本节将重点介绍电力公司内部通过管理和技术手段获取在线数据的过程，并简要提及离线数据的获取方式。

外部数据指通过数据合作来取得的其他部门、领域的业务数据，按照归属可划分为部门数据、公开数据。根据其归属划分，部门数据主要来自政府部门，如中华人民共和国国家发展和改革委员会（简称国家发改委）、税务局等；公开数据则包含各类可以查阅的公开发布数据，如气象数据、统计年鉴、国民经济数据等。自 2021 年起，国家电网公司与国家税务总局已开展数据协作，并对各省、市级单位提出合作要求，形成自上而下的深度协作模式。

一、通过数据中台获取和使用内部数据

通过数据中台获取数据的基本步骤如下：首先申请云平台账号；随后申请 Data-Works 项目空间，以便进行中台数据查询；其后通过中台数据目录查找定位所需要的数据；再针对选定的数据表申请数据使用权限；随后即可通过 DataWorks 进行数据查询和验证；目标数据查询和验证后，即可开展下一步应用，包括数据分析、应用开发、服务开发等。

（一）账号申请

云平台账号由国网浙江省电力有限公司信息通信分公司（简称国网浙江电力信通公司）统一管理，应用项目组通过电子邮件联系申请。

（二）DataWorks 项目空间申请

DataWorks 项目空间需发办公自动化（OA）至数据中台运营组进行申请，开发人员需要通过数据中台命名规范考试后才能开通。申请流程如下：

步骤一：邮件申请。

项目组申请开通 DataWorks 项目空间，需要发送邮件给数据中台运营组，并说明应用场景及联系方式，如图 2-2 所示。

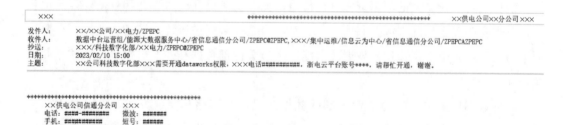

图 2-2　邮件申请开通 DataWorks 项目空间

步骤二：学习材料。

数据中台通过邮件回复下发《浙江公司数据中台离线区 MaxCompute 设计开发规范》，要求项目组学习邮件中的材料并通过命名规范考试，具体考试内容、规则等都会通过外网微信小程序进行，如图 2-3 所示。

学习材料
数据中台运营组　收件人：×××
抄送：×××

添加项目空间须知：
1．该账号是否是新账号，如果是新账号需要学习《数据中台离线区MaxCompute命名设计开发规范》，考试通过后再赋权项目空间。
2．如果非新账号填写以下附件：回复数据中台运营组oa，抄送××。

浙江公司数据中台离线区MaxCompute设计开发规范.docx

如有问题联系：×××：###########

图 2-3　学习材料

步骤三：线上考试。

中台侧人员通过微信小程序，将考试链接发送给项目组成员，成员通过考试后将成绩截图保存并发送中台侧人员进行备份保存，云中台入门考试群如图 2-4 所示。

图 2-4　云中台入门考试群

步骤四：邮件提交申请单。

项目组通过线下考试，需要将考试成绩截图、DataWorks 项目空间申请单填好后，通过邮件发送至数据中台运营组，数据中台会根据申请单中项目组填写的项目介绍、数据范围等开通项目空间。邮件提交申请工作联系单如图 2-5 所示。

转发：答复：国网浙江省电力公司Dataworks项目空间申请工作联系单
×××收件人：数据中台运营组
抄送：×××

原文：	已答复此消息。

----- 转发人 曹泰/信息通信事业部/华云信息科技/华云实业集团/ZPEPC 时间 2023/02/21 09:48 -----
发件人： ×××/信息通信事业部/华云信息科技/华云实业集团/ZPEPC
收件人： 数据中台运营组/能源大数据服务中心/省信息通信分公司/ZPEPC@ZPEPC
抄送： ×××/集中运维/信息运维中心/省信息通信分公司/ZPEPC@ZPEPC
日期： 2023/02/15 17:22..

6d630bdd91706a5d0a8ee931dd3c8a5.png   55bdbbb6ed681d045683c58b21597.jpg   国网浙江电力_DataWorks项目空间申请工作联系单.docx
新账号考试已通过，阿里云账号已更新。

图 2-5　邮件提交申请工作联系单

（三）查找定位中台数据表

使用数据前，需要根据数据内容，通过中台数据目录查找定位中台数据表。查找定位步骤如下：注册数据运营服务平台账号—登录数据运营服务平台—数据资源中心（源端数据目录、中台数据目录、数据服务目录、权威数据源管理，见图 2-6）—搜索数据内容或数据表名称—定位数据表。

图 2-6　数据资源中心

数据运营服务平台账号注册地址为：http：//yyfw. zj. sgcc. com. cn/homepage。

现阶段数据资源目录中的共性数据集均已进行共享，可无须申请直接使用非负面字段的数据，负面字段数据则在申请流程审批通过后，通过我的数据中进行查看。

若在数据资源目录页面未找到需要的数据资源，可通过中台数据目录页面（见图 2-7）进行查找和权限申请。集成数据运营服务平台相关数据资源目录，支持数据资源检索，用户可以将搜索的数据资源添加到购物车，通过"立即申请"进行一键数据资源权限申请。

图 2-7　中台数据目录页面

（四）申请数据

确定需要使用的数据表后，申请取得数据表使用权限，方可使用数据。申请数据流程为：数据运营服务平台—工单中心—数据申请流程—数据共享申请（项目开发）（见图 2-8）—进入申请页面。

图 2-8　云上数据资源申请

填写云上数据资源申请时，需要注意申请依据名称（即工作任务）、云平台账号、数据范围必须填写正确，需求说明必须描述清楚。云上数据资源申请单如图 2-9 所示。

查看数据资源申请记录（见图 2-10）可以在企业中台服务目录—个人中心—云上数据资源申请处进行查看。

（五）查询数据

取得数据表使用权限后，即可通过数据中台 DataWorks 组件可以查询中台数据，进

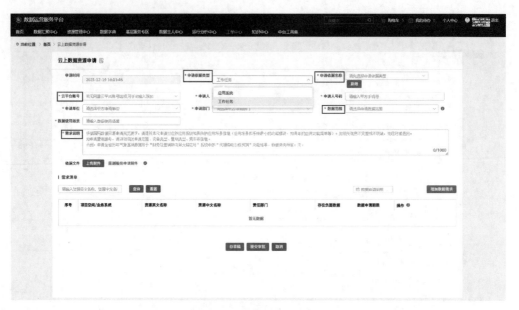

图 2-9　云上数据资源申请单

图 2-10　查看数据资源申请记录

行数据验证、报表分析，或建表保存。借助其数据开发（data studio）功能，可以编写 SQL 语句，查询获取中台数据；借助其数据分析（data analysis）功能，可以将查询结果形成电子表格，进行实时分析操作。查询数据流程为：登录中台账号—选择 Data-Works—进入数据开发—新建/打开业务流程—创建查询—查询数据。

登录数据中台需要使用谷歌浏览器，地址为：https://one. console. res. sgmc. sgcc. com. cn/ascm/login

步骤一：界面登录。

在登录界面输入账号密码，登录界面如图 2-11 所示。

步骤二：产品首页。

进入产品首页如图 2-12 所示，点击产品，会自动显示平台下的产品。

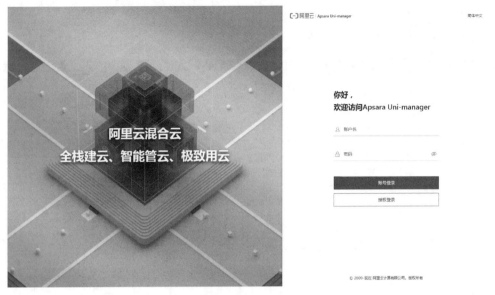

图 2-11　登录界面

图 2-12　产品首页

步骤三：选择 DataWorks。

点击产品后，显示如图 2-13 所示的界面，选择 DataWorks，点击进入。

图 2-13　产品界面

25

步骤四：进入 DataWorks。

再次点击图 2-14 所示的 DataWorks 按钮，进入产品。

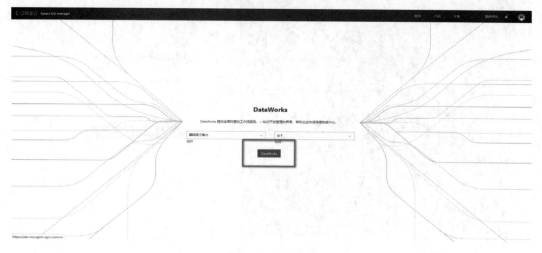

图 2-14　DataWorks 界面

步骤五：新建/打开业务流程。

进入界面后，点击左上角数据开发模块，然后鼠标移动至业务流程，右击会出现新建业务流程，点击新建业务流程。若已存在，则打开该业务流程，业务流程设置界面如图 2-15 所示。

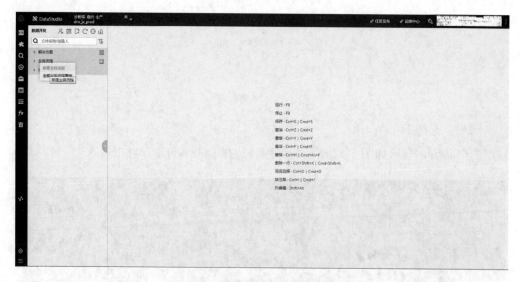

图 2-15　业务流程设置界面

步骤六：查询数据。

在业务流程中，打开 MaxCompute—数据开发—新建开发数据处理服务（open data

processing service，ODPS）SQL，或打开已经存在的 SQL，即可编写或编辑 SQL 语句，实现数据查询。

（六）应用开发

应用数据开发的主要步骤包括：账号登录—选择产品—进入 DataWorks—新建业务流程—加工业务数据—同步业务数据/开发数据接口—提交任务发布—查看运维中心。详细流程图如图 2-16 所示。

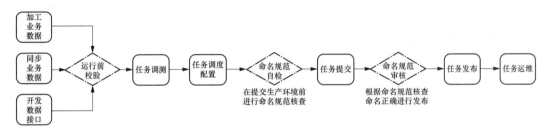

图 2-16　应用开发流程图

在开发过程中，需严格遵守《浙江公司数据中台离线区 MaxCompute 设计开发规范》，在数据运营服务平台—中台数据集—命名规范核验处可以进行命名规范检验，如图 2-17 所示。

图 2-17　命名规范校验

SQL 脚本（见图 2-18）开发完成后，需要每日进行调度的任务，可以提交发布至生产环境，操作见步骤八：提交任务发布。

步骤七：同步业务数据。

同步业务数据（见图 2-19）是将 ODPS SQL 加工处理后的业务数据同步至应用目标数据库中，应用可以直接开发程序对数据库的数据进行查询，也可以创建服务进行调用。操作流程：使用数据开发—新建业务流程—数据集成—新建—离线同步。数据同步信息配置完成后，需要每日进行调度的任务，可以提交发布至生产环境，操作见步骤八：提交任务发布。

图 2-18 SQL 脚本

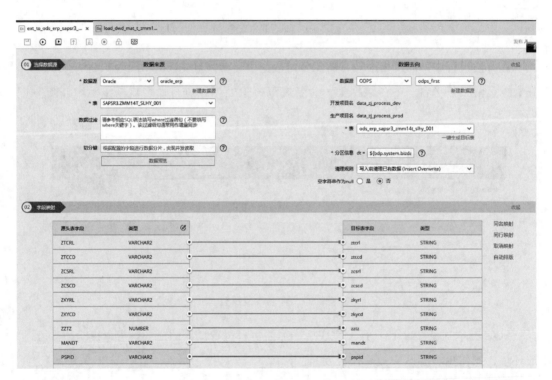

图 2-19 同步业务数据

步骤八：提交任务发布。

任务发布是将开发环境中配置好的任务，提交发布到生产环境上进行每日自动调度。操作流程：选择开发好的 ODPS 任务/离线同步任务—选择提交任务（见图 2-20）—发布任务（见图 2-21）—创建发布包（见图 2-22）—发布选中项。

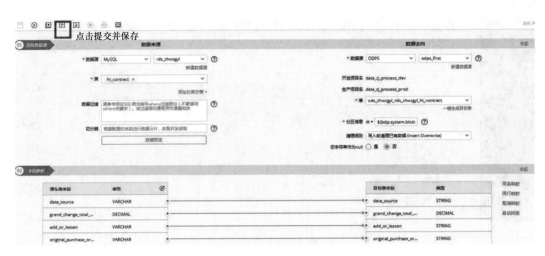

图 2-20 提交任务

图 2-21 发布任务

图 2-22 创建发布包

步骤九：查看运维中心。

运维中心可以查看每日发布在生产环境的调度任务，应用开发人员可以查看生产环境任务和生成的实例，并对生产环境的任务进行测试、补数据等操作，方便后续的运行维护。运维中心页面如图 2-23 所示。

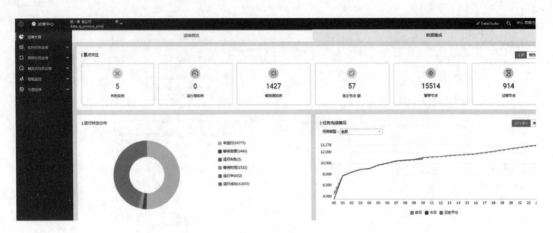

图 2-23　运维中心页面

（七）服务开发

API 名称：{请求方式}_{业务应用中文名称}_{业务场景中文名称}_{结果表中文名称}_{结果表英文名称}_{统计或查询口径}。

API 描述：API 的描述应该知名见意。描述内容：{为××场景提供××信息。入参：××、××；返回值：××、××等核心字段。其中，入参中××、××为必填}。

API 路径名称：/{一级业务域简称}/{数据来源业务应用中文名首字母}/{数据源类型}/{请求方式_结果表英文名称_统计或查询口径}。

（1）在对应业务流程下，右键"API"，点击"新建""生成 API"，如图 2-24 所示。

图 2-24　API 新建页面

（2）选择"脚本模式""高级 SQL"，填写"API 名称""API Path""描述"，其余项按需勾选，如图 2-25 所示。

（3）选择相应的数据源类型和数据源名称，可根据需要配置内存大小及超时时间，编写查询 SQL（见图 2-26），查询语句中如包含多表关联，必须在语句末尾加上 order by 排序，否则分页调用时可能会导致数据重复。

（4）点击右侧导航栏中的"请求参数"，请求参数指输入参数，可按输入参数过滤或者筛选数据，新增所需参数，勾选是否必填，如图 2-27 所示。

图 2-25　生成 API 页面

图 2-26　编写查询 SQL 页面

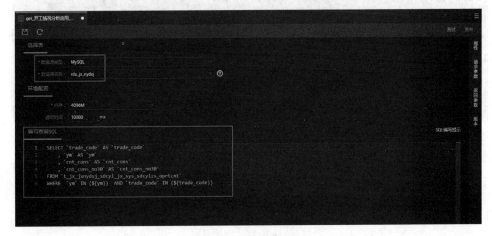

图 2-27　请求参数页面

（5）点击右侧导航栏中的"返回参数"，新增所有返回参数，与查询 SQL 中的查询字段保持一致，勾选"返回结果分页"，如图 2-28 所示。

（6）点击右上角"测试"，输入请求参数值，点击"开始测试"，得到返回结果，测试通过后点击"发布"，如图 2-29 所示。

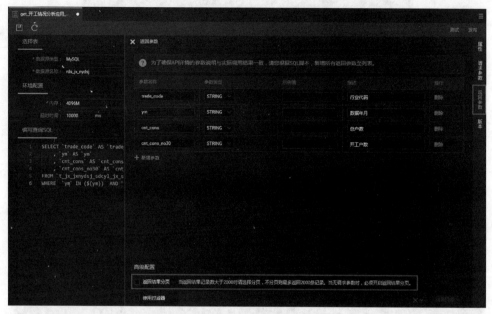

图 2-28　返回参数页面

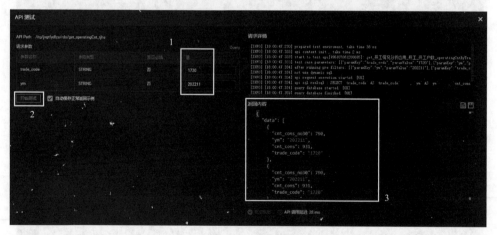

图 2-29　API 测试页面

（7）内网调用。服务完成后，需提供服务地址等信息，并填入 API 服务模板中提供给需求方，点击右上角服务管理（见图 2-30），按照 API 名称进行搜索，点击查找到的 API 名称部分，点击复制调用地址，在地址后添加必填参数、页编号、页大小提供给需求方即可。如 http://a212c9fe6b4341ff8801cc0c34707536. apigateway. res. sgmc. sgcc.

com. cn/ast/dnzl/rds/get_t_sb_znyc_zbyq_odsqy? odsqy_datauptime＝&pageNum＝
1&pageSize＝3。API 服务地址填写如图 2-31 所示。

图 2-30 服务管理页面

图 2-31 API 服务地址填写

注:

1) 调用 API 服务时有 AppCode 和 AppKey/AppSecret 两种方式，AppKey/AppSecret 见加密 API 服务调用资料。

2) 请按照总部要求的命名规范，对 API 服务进行命名，总部要求命名规范见《浙江公司数据中台离线区 MaxCompute 设计开发规范》。

3) 关于服务授权的解释：在"服务管理"界面，API 的操作中有授权按钮，其授权为授权给其他云账号的工作空间，目前该授权不需要操作。服务的授权位于 API 网关，应用项目组填写申请单，由数据中台运营组统一授权，即对应的 AppCode 和 AppKey/AppSecret。

二、通过基层创新平台获取和使用内部数据

(一) 基层创新平台概况

基层创新平台聚焦基层需求自主实现难、数据获取不精准等难点，通过构建基层好用易用典型场景、推送基层常用数据集、贯通低门槛用数工具等方式，重点解决基层按权限查数看数、场景共享应用、自助数据分析等三类核心需求，通过整合贯通在线用数工具与中台数据底座，打通数据授权，面向业务人员提供一站式贯通的基层创新应用工作台，实现数据服务获得"零距离"，自助查数用数"零代码"，成果共建共用"零门槛"，支撑基层用户便捷用数。

基层创新工作台目前已经集成的数据应用工具如下：

(1) 资源目录。提供数据资源目录和中台数据目录，支持检索需要的数据资源、提交数据权限申请。

（2）我的数据。展示当前用户在工作台中有权限的数据资源清单，包括数据资源目录数据和以往基于各工具授权的中台数据等。

（3）我的查询。提供低代码数据查询工具，支持导航、可视化和开发三种交互方式构建 SQL 查询。

（4）我的图表。集成企业级报表中心应用（bbzx. zj. sgcc. com. cn）"我的图表"，面向业务人员提供大众化图表分析工具，支持在线无代码构建类 Excel 简易数据图表。

（5）我的报告。集成企业级报表中心应用"我的报告"，面向日常需要周期性更新数据的用数需求，提供 Word 在线编辑模式。

（6）我的算法。面向具有数据分析挖掘需求的应用场景，为基层用户提供 Python Jupyter 图形化环境，支撑基层用户自助申请获取环境资源。

（7）我的场景分析。面向可视化分析场景的数据应用需求，提供了灵活低门槛的商业智能（business intelligence，BI）分析工具，支撑业务场景的自助构建。

数据应用工具涵盖数据准备、数据加工、自助分析、成果发布四个功能板块，可满足基层多种用数需求，切实赋能基层减负工作。

（二）运行及登录

基层创新平台运行需要 WindowsXP、Professional/Windows 7 及以上系统，同时浏览器需要 Chrome74 及以上版本（若低于该版本可能出现页面无法兼容问题）。

满足运行条件后可通过 esop. zj. sgcc. com. cn 登录，使用账号登录需要输入用户名、密码，单击登录。（仅针对无 ISC 账号用户，需提前注册）；使用 ISC 登录则在登录界面切换 ISC 登录，输入 ISC 账号、密码即可登录系统，无须注册，如图 2-32 所示。

图 2-32　基层创新平台登录页面

点击"基层专区"菜单进入基层专区，在用数工具部分点击"基层创新工作台"进入，如图 2-33、图 2-34 所示。

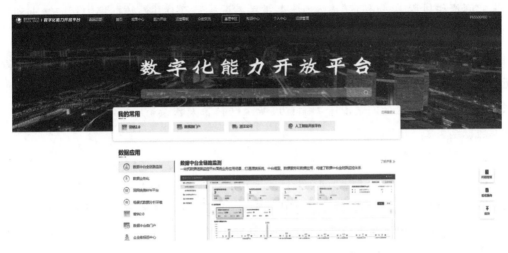

图 2-33　数字化能力开放平台首页-基层专区

图 2-34　基层专区—基层创新工作台

（三）数据获取与准备

基层创新平台面向基层业务人员提供数据资源目录和中台数据目录，数据资源目录中首批发布 57 个共性数据集，涉及客户和物资业务域。共性数据集均已实现共享，可无须申请直接使用非负面字段的数据，负面字段数据则需要申请授权，授权审批通过后可在"我的数据"中进行查看。

实际操作过程中，可直接输入所需数据关键词检索已有共性数据集中相应数据和通用模型等，支撑业务所需数据分析工作。检索到所需数据后，可点击相关信息进入数据表详情，查看表数据预览部分，经过对表结构和预览数据的查看，明确是否可作为业务所需的数据支撑。同时，"数据查询"提供表查询工具，用户可以通过简单的拖拽，整张表或者某个字段至查询字段中，配置过滤条件和表关联关系后，即可执行数据查询，查看数据结果。

（四）数据使用

获取所需数据后可通过基层创新平台各项功能对数据进行加工使用，包括构建图表、构建报告等功能。完成对数据的加工使用，形成业务所需内容并发布或应用于业务中。

基层创新平台提供图表构建功能和图表可视化工具，用户可通过简单的拖拽点选个性化配置数据图表。具体操作中，在我的图表页面点击"新建图表"，随后点击"请选择数据源"，完成数据源的选择。根据业务需求和数据分析目标，可进行度量、维度、显示字段的选择；左侧图表类型菜单可切换图表的展示形式，如分组表、横向柱状图、折线图等。完成图表制作后可选择保存为草稿或发布，只有已发布的图表才可插入报告中进行编辑。个性化配置数据图表页面如图 2-35 所示。

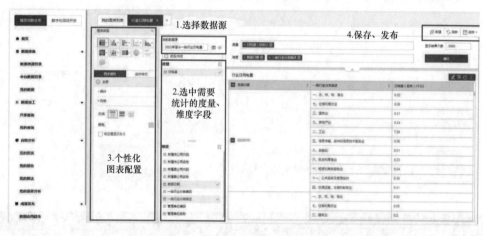

图 2-35　个性化配置数据图表页面

报告构建功能与 Word 类似（见图 2-36），撰写过程中可通过点击图表、度量、维度等按键快速插入相关内容字段并于右侧选择框中选择数据源和字段。点击"插入图表"，可在报告中快速插入我的图表中已保存的图表。只是设置简单的过滤组件，对各图表、度量、维度进行全局条件过滤。例如，汇总系统数量中，可对专业做筛选只选营销，系统数量度量值则汇总的是所有营销专业的系统数量。通过刷新报告，可同步更新数据库数据与分析图表。完成报告撰写后，点击"保存"，可以选择对分析报告另存为、保存为模板（模板会保存至模板目录以便下次直接套用）、保存为草稿。系统内置文件自动保存功能，会保存最近的 10 个版本。发布后的报告可以在成果发布中供其他用户检索查看。

图 2-36　报告构建页面

（五）成果发布

在我的图表或我的报告页面完成发布后，可在成果发布－数据应用超市中查看已发布的成果情况。在全局检索框（见图 2-37）中搜索"物料凭证报表"，可检索到发布的内容，点击"成果名称"进入详情页面。支持对成果进行收藏，收藏后可在"个人中心—我的收藏"中查看并直接访问。

图 2-37　全局检索页面

三、外部数据获取

外部数据指通过数据合作来取得的其他部门、领域的业务数据，包括通过数据与数据合作得到的数据，以及外部渠道获取的公开数据。按照归属划分为部门数据和公开数据，在外部数据获取和使用中，可调取数据合作的部门数据，如现阶段与税务部门建立较深入的数据合作所获取相应税务数据。同时，可通过政府部门网站、地方统计年鉴及其他公开渠道查阅外部公开数据并使用。

（一）常用外部数据指标

现阶段常用外部数据主要来自政府部门、公开数据等渠道，其中包括国民经济领域、税务数据、统计数据及其他专业数据来源获取的数据类型。各类数据指标中，国民经济领域主要包括国内生产总值（gross domestic product，GDP）、产业及行业增加值、规上工业增加值、采购经理指数（purchasing managers′ index，PMI）、工业生产者出厂价格指数（producer price index for industrial products，PPI）等；税务数据主要包括纳税基本信息、销售数据、采购数据、税收数据等，可按照企业级和行业级划分数据级别；统计数据及其他专业数据来源则包括诸如各级政府统计局发布统计年鉴、政务公开数据及其他专业数据库类机构提供的数据来源。表 2-2 为数据指标及来源示例表。

表 2-2　　　　　　　　　　数据指标及来源示例表

税务部门数据	国民经济统计数据	
数据名称	数据名称	数据含义
纳税人识别号	能源消费总量及构成	各类能源消费的总量
行业大类代码	产业、行业能源消费	分产业、行业的能源消费量
行业大类名称	GDP	国民生产总值
销售发票金额	产业及行业增加值	分产业、行业的增加值，三大产业增加值总和为 GDP
采购发票金额	用电量	单位时间该地区用电总量
纳税企业数量	电耗强度	单位 GDP 用电量
缴纳社保人数	PMI	采购经理指数
税收收入	PPI	工业生产者出厂价格指数

（二）部门数据

部门数据主要来自政府各部门，如发改委、税务局、工信局、民政局、教育局等各级政府职能部门。各政府部门依托所辖网站及特定信息发布渠道（新媒体账号、期刊、报纸等）为载体定期发布部门归口统计数据，公众及数据需求方可根据自身需求查询并获取。同时，政府部门与企业、组织单位等可开展数据协作，定向获取精准专业数据。自 2021 年起，国家电网公司与国家税务总局已开展数据协作并对各省、市级单位提出

38

合作要求，形成自上而下的深度协作模式。基于税务部门数据协作，国家电网公司现可通过税务部门获取专业税务数据，包括行业级和企业级数据，依托数据协助国家电网公司在业务开展过程中可结合电力大数据与税务数据，拓宽业务分析方向，开发多元化数据应用产品，实现业务精准化、数据挖掘价值最大化。

通过部门间数据协作，可将电力大数据与部门数据进行精准匹配，应用到数据服务和数据挖掘工作中，同时电力企业可通过协作部门定向获取所需数据，无须通过其他外部渠道增加数据成本或承担较高的数据治理成本。

（三）数据标准化

数据标准化又称为数据的无量纲化处理。数据标准化应当遵循以下准则：

一是客观性，通过标准化处理形成的指标值应能客观地反映原始的数据关系。

二是便捷性，应尽量选择简便易行的技术方法来进行标准化处理。

三是可行性，要结合业务、数据的特点选择处理方法。

（1）Z-score 标准化。Z-score 标准化的方法是利用数据的均值与标准差对数据进行处理，设大小为 n 的数据集为 $\{x_1, x_2, \cdots, X_n\}$，其均值为 $\overline{x}$，标准差为 s，则标准化公式为：

$$y_i = \frac{x_i - \overline{x}}{s} \tag{2-1}$$

标准化后各变量将有约一半观察值的数值小于 0，另一半观察值的数值大于 0。变量的平均数为 0，标准差为 1。Z-score 标准化方法适合于数据集中存在异常值或不知数据集的最大值和最小值的情况。

（2）最小值、最大值标准化。最小值、最大值方法也叫极值法，该方法适用于已知数据集的最小值或最大值情况。

对于正向指标（数值越大越好的指标），标准化公式为：

$$y_i = \frac{x_i - \min x_i}{\max x_i - \min x_i} \tag{2-2}$$

对于逆向指标（数值越小越好的指标），标准化公式为：

$$y_i = \frac{\max x_i - x_i}{\max x_i - \min x_i} \tag{2-3}$$

最小值、最大值标准化后新数据的取值范围也将在区间 [0，1] 内。

（3）适度指标和逆指标的标准化处理。实践中，还会遇到对适度指标或者逆指标的标准化方法。适度指标指某个指标越近某个值越好，而逆指标是指数值越低越好。

对这类指标在进行标准化处理时，首先要进行相应的变化将其转换为正指标后再标准化。对于逆指标的处理，最小值、最大值法已经给出一个公式，另外一种对逆指标转换为正指标的方法是取数值的倒数，标准化公式为：

$$y_i = \frac{1}{x_i} \tag{2-4}$$

取倒数后就将逆指标转换为了正指标。而对于适度指标，标准化公式为：

$$y_i = \frac{1}{x_i - k} \tag{2-5}$$

式中：k 表示相应的适度值。

（四）数据离散化

在数据挖掘分析中，有时将连续型数据转换为离散型数据，能够更清晰地呈现自变量和目标变量之间的关系。如果两者之间是非线性关系，可以重新定义离散后变量每段的取值，如采取 0/1 的形式，由一个变量派生为多个哑变量分别确定每段和目标变量间的联系。

数据的离散化方法主要有等距离方法和等频方法。

等距离散化是指将连续型变量的取值范围均匀划分成 n 等份，且每份的间距相等。例如，关于年龄的数据从 10 岁到 70 岁不等，这时为便于分析就可以将数据按照 10～20岁，20～30 岁的方法等距分为 6 组，10～20 岁年龄组取值为"1"，并以此类推。等距离散化可以保持数据原有的分布，分段越多对数据原貌保持得越好。

等频离散化是指把观察点均匀分为 n 等份，每份内包含的观测值相同。例如，共有15 名学生的考试成绩，对数据标准化计算出总分后可以将数据三等分，总分前五名的为一组取值为"1"，以此类推共分为三组。等频离散化处理把数据均匀分布，但其各段内样本值相同。

四、数据类别平衡

在实际应用中，某些类别的样本数量可能非常少，而其他类别的样本数量较多，这就导致了类别不平衡的问题。解决类别不平衡问题最常用的方法是重新采样，即通过对样本数据的处理获取类别较为平衡的数据集。当前，重新采样方法主要有欠采样、过采样和混合采样，这三类方法都有各自的优缺点。

（一）欠采样方法

欠采样方法针对样本较多的类别，筛选其中一部分样本参与训练，从而达到数据平衡。欠采样方法主要基于三种选择策略：一是基于随机思想，二是基于聚类思想，三是基于整合思想。

1. 基于随机思想的欠采样方法

从多数样本中随机选取一些进行剔除，使得不同类别样本数量相当。这种方法可能因剔除样本而损失重要信息,从而影响模型效果。

2. 基于聚类思想的欠采样方法

基于聚类的欠采样过程是,首先对负样本进行聚类获取其分布信息,选取每一个类别中具有代表性的样本,计算样本的敏感度,再根据敏感度选取 k 个负样本和 k 个正样本,从而获得较为平衡的样本[30]。

3. 基于整合思想的欠采样方法

基于整合的思想是将多数类别样本随机地分成和少数类别样本数量相当的若干份,对多数类别中的每一份样本和仅有的一份正样本进行训练,这样可以训练出若干个模型,再将每一个模型的分类结果进行集成得到最终结果。由于考虑了所有负样本的特征,所以应用这一方法可以有效地提升正样本与负样本的分类正确率[30]。

(二)过采样方法

过采样方法重复少数类别中的样本或从少数类别中的样本中合成新的样本,从而获得较为不平衡的数据集。

1. 基于随机思想的过采样方法

从少数类别中随机复制样本,使得不同类别的样本数量相当。这种方法复制生成少数类别样本,并未提高样本的多样性,因此不能很好地提升模型对少数类别的表达能力。

2. 基于 K 邻近的 SMOTE 过采样方法

合成少数类过采样 SMOTE(synthetic minority oversampling technique)方法的基本思想是在少数类别中每一个样本和其 K 邻近的样本之间随机地生成一个新的样本。由于生成的样本是两个样本之间的随机值,所以该方法解决了样本多样性的问题。[30]

3. 基于聚类思想的过采样方法

基于聚类的过采样方法思想是:为了将具有相同特征的正样本聚在一起,在每一个类中通过样本生成的方法生成样本。由于对正样本进行了聚类,所以处于每一个类别中的样本都会有新样本生成,避免了生成样本过于集中在某一个类别中,使得生成的正样本能够均匀地分布在正样本的样本空间,提升了正样本分类正确率。[30]

(三)混合采样方法

混合采样时,少数类别样本通过某种样本生成模型生成一部分新的样本,多数类别样本则通过样本筛选模型保留一部分具有代表性的样本[30],从而实现数据平衡。混合采样方法在取得样本数量平衡的同时,既减少多数类别样本的特征丢失,同时又减少少数类别样本的噪声生成,从而取得较好的结果。

五、数据特征构建

当数据规模庞大时，我们对其进行数据分析是非常复杂的，并且需要花费大量时间。而数据规约在保持数据完整性的同时缩减了时间和成本，使数据分析和数据挖掘更加高效。

数据规约策略包括维规约和数值规约。

维规约可减少所考虑的随机变量或属性的个数，主要包括小波变换和主成分分析，是将原数据投影到较小的空间。

数值规约是用替代的、较小的数据表示形式替换原数据。参数方法，使用模型估计数据，包括回归和对数线性模型；非参数方法，包括直方图、聚类等。

（一）小波变换

离散小波变换（discrete wavelet transform，DWT）是一种线性信号处理技术。该方法用于数据向量 X 时，将它变换成不同的数值小波系数向量 X，两个向量具有相同的长度。同时，该方法可以用于多维数据，如数据立方体：可以按以下方法实现：首先将变换用于第一个维，然后将变换用于第二个维，如此下去。计算复杂性关于立方体中单元的个数是线性的。对于稀疏或倾斜数据和具有有序属性的数据，小波变换给出了很好的结果。

（二）主成分分析

假设待规约的数据由用 n 个属性或维描述的元组或数据向量组成。主成分分析（principal component analysis，PCA）搜索 k 个最能代表数据的 n 维正交向量，其中 $k \leqslant n$。这样，原数据投影到一个小得多的空间上，导致维规约。

基本过程如下：

（1）对输入数据规范化，使得每个属性都落入相同的区间。

（2）PCA 计算 k 个标准正交向量，作为规范化输入数据的基，这些是单位向量，每一个都垂直于其他向量，这些向量被称为主成分。输入数据是主成分的线性组合。

（3）对主成分按重要性或强度降序排列。对坐标轴进行排序，使得第一个坐标轴显示数据的最大方差，第二个显示数据的次大方差，如此下去。

（4）通过去掉较弱的成分（即方差较小的那些）来规约数据。使用最强的主成分，较好地重构数据，以参与建模。

PCA 可以用于有序和无序的属性，与小波变换相比，PCA 能够更好地处理稀疏数据，而小波变换更适合高维数据。

（三）回归模型

回归模型主要用于对给定数据的近似拟合。基础的回归模型主要包括简单线性回归、多元回归。

在简单线性回归中，对数据建模，将数据拟合到一条直线上。公式为：

$$y = wx + b \tag{2-6}$$

式中：假定 y 的方差是常量；系数 w 和 b 可以用最小二乘法求解。

多元回归是简单线性回归的扩展。该模型使用两个或多个自变量，构成线性函数，实现对因变量的拟合。

（四）直方图

直方图使用不同高度的线段或箱型展现数据的分布情况，一般用横轴表示数据属性的不同水平，纵轴表示分布情况。数据连续属性不同水平的划分，通常采用等宽、等频等离散化方式。在等宽直方图中，每个数据水平的宽度区间是一致的；在等频直方图中，每个数据水平大致包含相同个数的数据样本，使得每个水平的箱型大致等高。

（五）聚类

聚类的目标是将数据对象划分为不同的类，使得在同一个类中的数据对象尽可能相似，而不同类之间尽可能相异。聚类以数据对象之间的相似性为划分原则，通常基于距离函数计算相似性，即根据数据对象的空间距离来衡量对象间的相似性。

第三节　数据挖掘

数据挖掘是从大量数据中发现有价值的信息和模式的过程，也是一个将统计学、机器学习、人工智能和数据库技术相结合的跨学科领域。数据挖掘的目标是通过自动化的方法，从数据中提取出隐藏在其中的知识，为决策和预测提供支持。

一、关联分析

随着互联网和计算机技术的发展，数据已成为现代社会中不可或缺的一部分。大量的数据海量积累，如何利用这些数据挖掘出有价值的信息已成为人们关注的焦点之一。而在数据挖掘领域中，关联规则挖掘是一种常见且重要的技术。其主要目的是从数据集中找出频繁出现的项集及它们之间的关联规则。

（一）关联规则挖掘的定义和基本概念

关联规则挖掘（association rule mining）是一种常用的数据挖掘技术，主要用于挖掘数据集中项集之间的关联性质。它的核心思想是挖掘数据集中的频繁项集，进而从中发现有意义的关联规则。

据此，关联规则挖掘可以形式化地描述为：给定一个包含 N 个元素的数据集 D，其中每个元素都属于某一事物集合 T。关联规则挖掘的目标是发现频繁项集 F，以及这些频繁项集之间的关联规则 R。其中，频繁项集 F，在数据集 D 中出现次数不小于阈值最小支持度（minimum support，Minsup）；关联规则 R，形如 $X \rightarrow Y$ 的条件语句，其中 X 和 Y 都是非空项集，表示当 X 出现时，Y 也很可能会出现。

在进行关联规则挖掘之前，我们需要理解以下一些基本概念。

项集（itemset）：由若干个项组成的集合，例如，$\{A，B\}$ 就是一个项集。

支持度（support）：指某个项集在数据集中出现的频率，即该项集出现的次数占数据集大小的比例，通常用百分数表示。

频繁项集（frequent itemset）：支持度不小于阈值 Minsup 的项集。

置信度（confidence）：表示当前规则中，左侧项集出现时，右侧项集也会同时出现的概率，即 $P(Y|X)$，通常用百分数表示。

关联规则（association rule）：形如 $X \rightarrow Y$ 的条件语句，表示当 X 出现时，Y 也很可能会出现。

强关联规则（strong association rule）：满足支持度和置信度阈值的关联规则。

（二）常用关联规则挖掘算法

1. Apriori 算法

Apriori 算法是最早也是最经典的关联规则算法。其主要流程如下：

第一步，扫描数据集，统计每个项的支持度，并构建大小为 1 的频繁项集。

第二步，根据频繁项集构建候选项集，即生成大小为 $k+1$ 的候选项集，其中 k 为频繁项集中包含的项数。具体做法是将两个大小为 k 的频繁项集连接成一个大小为 $k+1$ 的候选项集，并通过剪枝操作去除不满足最小支持度的项集。

第三步，对候选项集进行扫描，统计每个项集的支持度，并得到大小为 $k+1$ 的频繁项集。

第四步，重复第二步、第三步操作，直到无法生成新的频繁项集为止。

Apriori 算法的核心思想是利用先验知识来减少候选项集的数量。具体地，如果一个项集 A 是频繁的，那么它的所有子集也必须是频繁的。因此，在生成候选项集时，可以利用这个性质进行剪枝操作，去除不满足最小支持度的项集。

Apriori 算法具有以下优点：

（1）简单易实现。Apriori 算法的实现非常简单，只需要对数据集进行多次扫描即可。

（2）可解释性强。由于 Apriori 算法生成的关联规则符合直觉，因此具有很好的可解释性。

（3）可扩展性好。Apriori 算法可以处理大规模数据集，而且可以并行化处理，具有很好的可扩展性。

但是，Apriori 算法也存在一些缺点：

（1）效率低下。由于要对数据集进行多次扫描，因此 Apriori 算法的效率相对较低。

（2）内存消耗大。在生成候选项集时，需要保存所有大小为 k 的频繁项集，因此，会占用大量内存。

2. 频繁模式增长算法

频繁模式增长（frequent-pattern growth，FP-Growth）算法是一种基于频繁模式生长树的关联规则挖掘算法。其主要思想是将数据集转化为一个 FP 树（frequent pattern tree），再通过递归遍历 FP 树来发现频繁项集。FP-Growth 算法的过程如下：

第一步，扫描数据集并统计每个项的出现次数，建立项头表。

第二步，根据项头表构建 FP 树，FP 树包含一个根节点和若干个项节点，其中每个项节点表示一个项及该项在数据集中出现的次数。

第三步，通过遍历 FP 树生成条件模式基，即以目标项为结尾的路径集合。

第四步，对每个项进行递归调用，生成条件 FP 树，并重复执行第二、第三步操作，直到无法生成新的频繁项集。

与 Apriori 算法相比，FP-Growth 算法具有以下几个优点：

（1）由于 FP 树的压缩性质，可以大大减少候选集的数量，从而提高算法的效率。

（2）采用递归方式生成频繁项集，实现过程简单明了，并且可以充分利用多核 CPU 的优势。

（3）可以处理稀疏数据集和高维数据集，具有更广泛的应用范围。

3. Eclat 算法

Eclat（equivalence class transformation）算法是一种基于垂直数据结构的关联规则挖掘算法。其主要思想是利用项之间的交集来计算频繁项集，从而避免了对候选项集进行多次扫描的过程。Eclat 算法的过程如下：

第一步，将每个项按照出现次数降序排列，并以此构建项头表。

第二步，通过项头表构建一个垂直数据结构（vertical data structure），其中每个项与包含它的事务集合相关联。

第三步，递归地生成频繁项集，对于每个项，找到所有包含该项的垂直挖掘结果，再递归地对这些结果进行挖掘。

与 Apriori 算法相比，Eclat 算法具有以下几个优点：

（1）由于只需计算项之间的交集，可以避免多次扫描数据集的操作，从而提高算法的效率。

（2）可以处理稀疏数据集和高维数据集，具有更广泛的应用范围。

（3）非常简单，易于实现。

（三）关联规则挖掘在电力数据挖掘中的应用

关联规则挖掘是一种数据挖掘技术，可以用于发现不同数据属性之间的关系。在电力行业中，关联规则挖掘可以应用于多个方面，如负荷预测、设备维护、客户行为分析、电力市场分析、用电效率分析等。

1. 负荷预测

负荷预测是电力行业中非常重要的任务。通过关联规则挖掘，可以发现不同天气、季节、时间和其他因素对电力负荷的影响，并预测未来的负荷。这有助于电力公司合理地安排发电计划并确保电网的稳定运行。

2. 设备维护

电力设备的故障会导致停电和损失。关联规则挖掘可以帮助电力公司发现设备故障与其他因素之间的关系。例如，某个设备经常在高温天气下出现故障，这提示电力公司需要采取措施来防止这种情况发生，如增加设备的冷却装置或更换耐高温的部件。

3. 客户行为分析

关联规则挖掘可以揭示客户购买行为的规律，例如，购买某种产品时还会同时购买哪些附加产品，从而帮助电力公司制定更有效的市场策略和产品组合方案。此外，关联规则挖掘还能够预测客户的需求，以便提前满足客户需求并提高客户满意度。

4. 电力市场分析

关联规则挖掘可以揭示不同因素对电力市场价格的影响，并帮助电力公司制定更准确的市场策略。例如，某个地区的电价可能会受到天气、季节、供给和需求等因素的影响。通过关联规则挖掘，可以发现这些因素之间的关系，从而预测未来的市场价格。

5. 用电效率分析

电力公司可以使用关联规则挖掘技术分析客户用电情况，发现浪费能源的行为，并提出节能建议。例如，通过分析客户用电数据，发现一些客户在不使用电器设备时也没有关闭它们，这会导致能源浪费。电力公司可以向这些客户提供关闭电器设备的建议，并强化他们的节能意识。

总之，关联规则挖掘在电力行业中具有广泛的应用。它可以揭示不同因素之间的关联性，帮助电力公司预测未来的趋势和需求，优化业务流程和提高效率。

二、分类

分类是指将数据集中的实例（或样本）划分到不同的类别中。分类通常需要根据已有的样本数据来训练一个模型，以自动地将新实例分配到正确的类别中。分类任务是数据挖掘中最常见的任务之一，它在实际工作中有着广泛的应用。

（一）分类的任务目标

分类任务的目标是为每个实例分配一个合适的类别。这个目标可以通过以下两个方式实现：

1. 监督学习

监督学习是从已知的数据中学习分类器，然后将分类器应用于未知数据进行分类。在监督学习中，训练数据包括了输入和输出，即每个样本都有一个标签或者类别与之对应。这种方法可以得出准确率较高的分类器，并且对于大规模的数据集也非常有效。

2. 无监督学习

无监督学习是从没有标签的数据中发现模式。在无监督学习中，分类器需要从数据中学习如何划分样本。这种方法可以处理大规模的数据集，并且能够识别出不同的类别和分组。无监督学习通常被用于聚类问题。

（二）分类的常见问题

在分类任务中，有一些常见的数据问题需要在数据准备阶段加以解决。主要包括：

1. 特征选择

特征选择是指对于给定的样本数据，确定哪些特征对分类器的性能影响最大。特征选择可以减少模型的计算负担并提高分类器的预测精度。

2. 类别不平衡

当数据集中各个类别的样本数量差异很大，分类器倾向于将新实例分配到较多样本的类别中，导致模型对少数类别的预测效果较差，从而影响分类器的准确性。解决类别不平衡问题的方法包括过采样、欠采样和调整阈值等。

3. 维度灾难

维度灾难是指当特征的数量很大时，模型的复杂性会增加，从而导致训练时间和存储需求的增加，并且会降低模型的预测精度。解决维度灾难问题的方法包括特征选择、降维和正则化等。

（三）分类在电力数据挖掘中的应用场景

1. 电网故障类型识别

电力系统存在各种类型的故障，如线路短路、断线、跳闸等。通过对故障信息进行分类，可以有效地识别出不同类型的故障，并采取相应的措施进行修复，从而提高电网的可靠性和稳定性。分类任务可以通过监督学习方式进行实现，如使用决策树或神经网络等算法。

2. 电力设备状态评估

电力设备状态评估是对设备的运行状态进行评估和预测，以确定何时需要进行维护或更换。分类任务可以通过对设备数据进行分析和处理，识别出不同的设备状态，并根据相应的状态信息进行维护和管理。例如，可以使用支持向量机（support vector machine，SVM）等算法对变压器的运行状态进行分类。

3. 电力用户负荷预测

电力系统的用户负荷是指在不同时间段内消耗的电能总量。通过对用户负荷数据进行分类，可以确定用户的用电特征和用电习惯，并预测未来的电力需求。分类任务可以通过无监督学习方式进行实现，如使用聚类算法或关联规则挖掘等技术。

（四）常用分类算法在电力数据挖掘中的应用

1. 决策树算法

决策树算法基于树形结构对数据进行分类。在电力数据挖掘中，决策树算法可以用于故障类型识别、设备状态评估和用户负荷预测等任务。例如，在故障类型识别中，可以使用决策树算法识别不同类型的故障，并给出相应的故障处理建议；在设备状态评估中，可以使用决策树算法对设备的运行状态进行分类，并提供相应的维护和管理方案。

2. 支持向量机算法

支持向量机算法是一种基于最大间隔的分类算法，它通过找到一个最优的超平面来分割数据，将不同类别的样本区分开来。在电力数据挖掘中，支持向量机算法可以用于故障类型识别、设备状态评估和用户负荷预测等任务。例如，在故障类型识别中，可以使用支持向量机算法对故障数据进行分类，并提供相应的处理方案。

3. 神经网络算法

神经网络算法是一种模拟人脑神经系统的分类算法，它可以对各种类型的电力数据进行分类和预测。在电力数据挖掘中，神经网络算法可以用于故障类型识别、设备状态评估和用户负荷预测等任务。例如，在设备状态评估中，可以使用神经网络算法对设备的运行状态进行分类，并提供相应的维护和管理方案；在用户负荷预测中，可以使用神经网络算法对用户负荷数据进行分类和预测，从而实现对电力系统的优化调度和管理。

4. 集成学习算法

集成学习算法是一种将多个弱分类器组合起来形成一个强分类器的方法。在电力数据挖掘中，集成学习算法可以用于故障类型识别、设备状态评估和用户负荷预测等任务。例如，在故障类型识别中，可以使用集成学习算法将多个决策树或支持向量机模型进行组合，从而提高分类器的准确性和鲁棒性。

（五）分类在电力数据挖掘中的实际应用案例

1.电网故障类型识别

某电力公司收集了大量的电网故障数据，希望通过数据挖掘技术识别出不同类型的故障，并给出相应的处理方案。首先，通过对数据进行清洗和预处理，得到了包括故障类型、时间、地点、设备类型等多个特征变量的数据集。然后，采用决策树算法对数据进行分类，得到了一个高准确率的故障识别模型。最后，将该模型应用于实际电力系统中，成功地识别出了各种类型的故障，并提供了相应的处理建议。

2.电力设备状态评估

某电力公司希望对其变压器的运行状态进行评估和预测，以确定何时需要进行维护或更换。首先，收集了变压器的运行数据，包括温度、湿度、油位、电流等多个特征变量。其次，采用支持向量机算法对数据进行分类，得到了一个高精度的设备状态分类模型。最后，将该模型应用于实际电力系统中，成功地对变压器的运行状态进行评估和预测，并提供相应的维护和管理方案。

3.电力用户负荷预测

某电力公司希望通过数据挖掘技术预测未来一段时间内的用户负荷，以便合理调度和管理电力资源。首先，收集了历史的用户负荷数据，并进行了清洗和预处理。其次，采用聚类算法对数据进行分类，得到了用户的用电特征和用电习惯。最后，利用支持向量机或神经网络等算法对用户负荷进行预测，并通过实际数据验证了预测模型的准确性和可靠性。

电力数据挖掘中的分类任务可以应用于电网故障类型识别、设备状态评估和用户负荷预测等场景。常见的分类算法包括决策树、支持向量机、神经网络和集成学习等方法。通过实际案例分析，可以看出分类在电力领域中有着广泛的应用和重要意义，能够帮助电力企业更好地理解和利用数据，提高供电可靠性和安全性。

三、聚类分析

聚类分析是数据挖掘中的一项重要技术，其主要目标是对数据集中的对象进行自动分类，使得每个类别内的对象具有高度相似性，而不同类别之间则存在明显的差异性。在实际应用中，聚类分析可以帮助人们从大量数据中挖掘出有用的信息，辅助决策和优化业务流程。本书将详细介绍聚类分析的目标、常见问题及常用聚类方法的应用。

（一）聚类分析的目标

聚类是按照数据集中对象之间的相似程度，将其划分为多个类别的过程。聚类的目标是使得同一类别内的对象之间的相似度尽可能高，而不同类别之间的相似度则尽可能低。

1. 数据集划分

聚类分析任务最基本的目标是将数据集中的对象划分为若干个类别。这些类别通常具有以下特征：

（1）类别内部的对象相似度较高。

（2）不同类别之间的对象相似度较低。

（3）每个对象都必须属于某一个类别。

2. 类别数量确定

在聚类分析任务中，类别数量的确定是至关重要的。如果类别数量过少，则可能会忽略数据集中的重要信息；如果类别数量过多，则可能导致模型过度拟合，使得分类结果失去解释性。因此，在进行聚类分析任务时，需要确定最合适的类别数量。

3. 类别特征提取

聚类分析任务的目标不仅是将对象划分到类别中，还需要找出不同类别之间的差异。这就需要对每个类别进行特征提取，并比较它们之间的相似度和差异度。常见的特征提取方法包括统计指标、主成分分析、非负矩阵分解等。

（二）聚类分析常见问题

1. 数据预处理问题

在进行聚类分析之前，需要对原始数据进行预处理，包括缺失值填充、异常值处理、归一化等。如果不进行预处理，则可能导致聚类结果不准确或不可靠。

2. 类别数量选择问题

在聚类分析中，类别数量的确定是至关重要的。如果类别数量过多，则可能导致模型过度拟合，使得分类结果失去解释性；如果类别数量过少，则可能会忽略数据集中的重要信息。因此，在进行聚类分析时，需要通过实验或其他方法来确定最合适的类别数量。

3. 相似性度量问题

相似性度量是聚类分析中的核心问题之一，通常使用欧几里得度量、曼哈顿距离、余弦相似性等方法来衡量对象之间的相似度。然而，在不同的数据集和任务中，相似性度量方法的效果也可能不同。因此，需要根据具体情况选择合适的相似性度量方法。

4. 聚类算法选择问题

聚类分析中常用的算法有层次聚类、划分聚类、密度聚类、谱聚类和混合聚类等。不同的算法适用于不同的数据集和任务。因此，在进行聚类分析时，需要根据实际情况选择适合的算法。

5. 聚类结果解释问题

聚类分析的结果通常是一些聚类簇，但这些聚类簇本身并不能直接提供对数据集的洞察力或解释。因此，在使用聚类分析结果时，需要通过其他方法来解释聚类结果，如可视化、统计分析等。

（三）聚类分析在电力数据挖掘中的应用场景

聚类分析是一种将数据集中的对象划分为不同组别的技术，使得同一组内的对象具有相似的特征。它是电力数据挖掘中常用的技术之一，可以应用于许多场景，包括负载预测、故障诊断、用户行为分析等。在本书中，我们将重点探讨聚类分析在电力数据挖掘中的应用场景。

1. 负载预测

负载预测是电力系统运行和规划中的关键问题。电力系统需要根据未来几天或几周的负载预测结果进行调度和规划，以确保系统的稳定性和可靠性。聚类分析可以帮助电力公司对历史数据进行分类，找到相似的负载模式，并将其应用于未来的负载预测。通过聚类分析，电力公司可以更好地理解负载模式并制定有效的负载预测策略。

2. 故障诊断

在电力系统中，设备故障会导致电力系统发生异常，从而影响供电能力和质量。聚类分析可以用于诊断设备故障。对于大规模的电网数据，通过聚类分析可以将异常数据与正常数据区分开来，从而更容易识别设备故障的原因。此外，聚类分析还可以帮助电力公司查找电力系统组件之间的依赖关系，为故障排查提供更准确的信息。

3. 用户行为分析

电力公司需要了解用户的用电行为，以优化供电计划并制定最佳的电价策略。聚类分析可以将用户群体划分为不同的组别，每个组别都有不同的用电模式和需求。这可以帮助电力公司了解用户的用电需求，从而为用户提供更好的服务。例如，电力公司可以通过聚类分析将用户划分为不同的用户组，然后根据每个组别的用电模式制定不同的电价政策。

4. 电网拓扑分析

电网拓扑指电力系统中各种设备之间的连接关系。电力公司需要对电网拓扑进行分析，以便优化电网的运行和规划。聚类分析可以帮助电力公司对电网设备进行分类，找到相似的设备，并确定它们之间的联系。此外，聚类分析还可以帮助电力公司发现电网中存在的冗余和不必要的设备，从而优化电网拓扑结构。

5. 新能源发电预测

随着新能源的使用不断增加，电力公司需要对新能源的发电情况进行预测，以便更好地调度和规划电网。聚类分析可以用于对不同类型的新能源发电设备进行分类，找到相似的发电模式，并将其应用于未来的发电预测。

6. 电力质量分析

电力质量是电力系统中电能供应的稳定性和可靠性。电力公司需要对电力质量进行分析，以确保电能供应的稳定和可靠。聚类分析可以帮助电力公司将电力质量数据分类，找到相似的电力质量模式，并确定与之相关的因素。这可以帮助电力公司实现电力系统的稳定性和可靠性，进而提高电力质量。

7. 电力需求侧管理

电力公司需要对电力需求进行管理，以避免过度供电或供电不足。聚类分析可以帮助电力公司将用户划分为不同的群体，并根据每个群体的用电模式制订不同的供电计划。此外，聚类分析还可以帮助电力公司发现一些特殊的用电需求，如高峰期的用电需求和异常用电需求等，从而更好地控制电力需求侧，并优化供电计划。

8. 变电站监测

变电站是电力系统中非常重要的组成部分。聚类分析可以用于对变电站进行监测，找到相似的变电站，并确定它们之间的联系。此外，聚类分析还可以帮助电力公司识别变电站中存在的问题，如设备故障、电压不平衡等，从而及时采取措施，确保变电站的正常运行。

9. 智能电网规划

智能电网是未来电力系统的重要发展方向。聚类分析可以用于智能电网的规划和设计。通过聚类分析，可以将智能电网设备划分为不同的组别，找到相似的设备，并确定它们之间的联系。这可以帮助电力公司更好地规划和设计智能电网，提高电力系统的运行效率和可靠性。

10. 窃电检测

窃电是电力系统中非常常见的问题之一。聚类分析可以用于窃电检测，通过对用户用电模式的聚类分析，可发现异常的用电模式，并提示可能存在窃电情况。此外，聚类分析还可以帮助电力公司识别窃电者的用电模式，并采取适当的措施加以防范。

11. 电价预测

电价预测是电力市场中重要的问题之一。聚类分析可以用于对历史电价数据进行分类，找到相似的电价模式，并将其应用于未来的电价预测。此外，聚类分析还可以帮助电力公司了解电力市场的需求和供给关系，从而优化电价策略。

12. 智能配电网

智能配电网是智能电网的重要组成部分。聚类分析可以用于智能配电网的规划和设计。通过聚类分析，可以将配电网设备划分为不同的组别，找到相似的设备，并确定它们之间的联系。这可以帮助电力公司更好地规划和设计智能配电网，提高电力系统的运行效率和可靠性。

13. 电力市场分析

在电力市场中，供需情况和价格变化都是非常重要的因素。聚类分析可以用于对电力市场数据进行分类，找到相似的市场模式，并确定与之相关的因素。这可以帮助电力公司了解电力市场的供求关系，从而制定最佳的电力市场策略。

以上是聚类分析在电力数据挖掘中的一些应用场景。聚类分析可以帮助电力公司对历史数据进行分类，找到相似的数据模式，并将其应用于未来的决策和预测中，从而优化电力系统的运行和规划。聚类分析可以应用于负载预测、故障诊断、用户行为分析、电网拓扑分析、新能源发电预测、电力质量分析、电力需求侧管理、变电站监测、智能电网规划、窃电检测、电价预测、智能配电网和电力市场分析等多个方面。

在实际应用中，聚类分析需要结合具体问题进行处理。首先要确定目标，选择合适的聚类算法，并根据数据特点进行数据清洗和预处理。此外，还要对聚类结果进行评估和解释，以确保聚类结果的可靠性和有效性。

总之，聚类分析作为一种常用的数据挖掘技术，在电力数据挖掘中发挥了非常重要的作用。它不仅可以帮助电力公司更好地理解数据模式，优化供电计划和电价策略，还可以提高电力系统的稳定性和可靠性，为未来电力系统的发展提供良好的技术支撑。

（四）常用聚类分析方法在电力数据挖掘中的应用

1. K 均值聚类

K 均值聚类算法（K-means clustering algorithm）是一种简单而有效的聚类算法，常用于对连续性特征数据进行聚类。首先，该算法随机选择 k 个初始聚类中心；其次，将每个数据点指派到离其最近的聚类中心；最后，重新计算每个聚类中心的位置，并重复以上过程，直至达到收敛条件[31]。

在电力数据挖掘中，K-means 算法可以用于负载预测、用户行为分析和电力市场分析等领域。例如，在负载预测中，K-means 算法可以将历史负载数据划分为不同的负载模式，然后将这些负载模式应用于未来几天或几周的负载预测；在用户行为分析中，K-means 算法可以将用户划分为不同的用户群体，根据每个群体的用电模式制订不同的供电计划;在电力市场分析中,K-means 算法可以将市场数据划分为不同的市场模式,并确定与之相关的因素。

2. 层次聚类

层次聚类是一种基于距离度量的聚类方法,它将数据点逐步合并成越来越大的聚类,最终形成一个完整的聚类树。在该算法中,每个数据点开始时都作为一个单独的聚类,然后按照相似性逐步合并,直至形成一个包含所有数据点的聚类。

在电力数据挖掘中,层次聚类可以用于变电站监测、电力质量分析和智能配电网等领域。例如,在变电站监测中,层次聚类可以将变电站设备划分为不同的组别,并确定它们之间的联系;在电力质量分析中,层次聚类可以将电力质量数据划分为不同的模式,并提供更准确的故障诊断信息;在智能配电网中,层次聚类可以将配电网设备划分为不同的群体,从而更好地进行配电优化。

3. 密度聚类

密度聚类是一种基于密度的聚类方法,它可用于发现任意形状的聚类结构。在该算法中,将每个数据点视为一个核心点,然后计算其周围的邻域密度。如果某个核心点的邻域中包含足够数量的其他核心点,则在电力数据挖掘中将这些点归为同一聚类。密度聚类可用于故障诊断、新能源发电预测和窃电检测等领域。例如,在故障诊断中,密度聚类可帮助电力公司快速定位设备故障,并提供有效的故障解决方案;在新能源发电预测中,密度聚类可将不同类型的新能源发电设备划分为不同的聚类,并确定它们之间的联系;在窃电检测中,密度聚类可帮助电力公司发现异常的用电模式,并提示可能存在窃电情况。

4. 基于模型的聚类

基于模型的聚类是一种利用概率模型或生成模型来进行聚类的方法。在该算法中,首先假设数据点服从某种特定的概率分布,然后使用模型参数对数据进行分类。

在电力数据挖掘中,基于模型的聚类可应用于电力市场分析、用户行为分析和智能配电网等领域。例如,在电力市场分析中,基于模型的聚类可将市场数据划分为不同的概率分布模型,并确定与之相关的因素;在用户行为分析中,基于模型的聚类可将用户划分为不同的用电模式,并预测其未来的用电需求;在智能配电网中,基于模型的聚类可将配电网设备划分为不同的概率分布模型,以更好地进行负载均衡优化。

(五)聚类分析方法在电力数据挖掘中的实际应用案例

在电力行业中,聚类分析方法已经被广泛应用于数据挖掘和分析。下面将介绍一些聚类分析方法在电力数据挖掘中的实际应用案例。

1. 基于 K 均值聚类算法的负载预测

负载预测是电力行业中非常重要的问题之一。众所周知，电力系统的负荷具有周期性和规律性。因此，可使用 K-means 算法将历史负载数据划分为不同的负载模式，并将这些负载模式应用于未来几天或几周的负载预测。例如，对于某个地区的电力系统，可使用 K-means 算法将历史负载数据划分为早、中、晚三个负载模式，并根据每个负载模式制订相应的供电计划。该方法可以帮助电力公司更好地管理用电需求侧，提高供电效率和质量。

2. 基于层次聚类算法的变电站监测

变电站是电力系统中非常重要的组成部分。为了保证变电站的正常运行和设备的安全性，需要对变电站进行监测和诊断。层次聚类算法可将变电站设备划分为不同的组别，并确定它们之间的联系。例如，在某个变电站中，可使用层次聚类算法将变压器、断路器、保护装置等设备划分为不同的组别，并分析这些设备之间的关系。如果发现某个设备存在异常或故障，可及时采取措施加以修复。

3. 基于密度聚类算法的窃电检测

窃电是电力系统中常见的问题之一，它会导致电力公司损失巨大。为了防止窃电的发生，需要对用户进行监测和诊断。密度聚类算法可帮助电力公司发现异常的用电模式，并提示可能存在窃电情况。例如，在某个地区中，可以使用密度聚类算法将所有用户划分为不同的群体，并分析每个群体的用电模式。如果发现某个用户的用电模式与其他用户不同，可怀疑该用户存在窃电行为，并及时采取措施进行排查。

4. 基于模型的聚类算法的电力市场分析

电力市场分析是电力系统中非常重要的问题之一。它可帮助电力公司了解市场供求关系，优化市场策略和定价机制。基于模型的聚类算法可将市场数据划分为不同的概率分布模型，并确定与之相关的因素。例如，在某个电力市场中，可使用基于模型的聚类算法将所有市场数据划分为不同的概率分布模型，并分析每个模型的特点和规律。如果发现某个模型对应的电价过高或过低，可以调整相应的市场策略和定价机制。

5. 基于混合聚类算法的电力质量分析

电力质量是电力系统中非常重要的指标之一。它直接关系到用户的生产、生活和安全。混合聚类算法可将电力质量数据划分为不同的模式，并提供更准确的故障诊断信息。例如，在某个电力系统中，可使用混合聚类算法将所有电力质量数据划分为不同的模式，并分析每个模式的特点和规律。如果发现某个模式对应的电力质量异常或故障，可及时采取措施进行排查和修复。

6. 基于 K 均值聚类算法的用户行为分析

用户行为分析是电力系统中非常重要的问题之一。它可帮助电力公司了解用户的用电需求和习惯，制订更优化的供电计划和策略。K-means 算法可将用户划分为不同的用户群体，根据每个群体的用电模式制订不同的供电计划。例如，在某个地区中，可使用 K-means 算法将所有用户划分为高、中、低三个用电模式，并分别制订相应的供电计划。该方法可以帮助电力公司提高用电的可靠性和稳定性，同时降低供电成本和风险。

7. 基于密度聚类算法的新能源发电预测

新能源发电是电力系统中日益重要的领域之一。它可帮助电力公司实现清洁能源的利用和碳排放的减少。密度聚类算法可将不同类型的新能源发电设备划分为不同的聚类，并确定它们之间的联系。例如，在某个地区中，可使用密度聚类算法将所有新能源发电设备划分为风力、光伏、水力三个聚类，并分析每个聚类的特点和规律。基于这些分析结果，可制定出更准确的新能源发电预测，并优化相应的供电计划。

8. 基于层次聚类算法的智能配电网

智能配电网是电力系统中未来的发展方向之一。它可帮助电力公司实现负载均衡、故障诊断和智能控制。层次聚类算法可将配电网设备划分为不同的群体，并确定它们之间的联系。例如，在某个智能配电网中，可使用层次聚类算法将开关、保护装置、传感器等设备划分为不同的群体，并分析每个群体的特点和规律。基于这些分析结果，可制定出更准确的负载均衡策略，并实现智能控制和管理。

综上所述，聚类分析方法在电力数据挖掘中具有广泛的应用前景。K 均值聚类、层次聚类、密度聚类和基于模型的聚类等方法都有其独特的优势和适用场景。通过将这些方法应用于电力系统中，可帮助电力公司更好地了解数据模式，优化供电计划和电价策略，提高电力系统的稳定性和可靠性，为未来电力系统的发展提供更加良好的技术支撑。

四、离群值检测

离群值检测（outlier detection），也称为异常检测，是数据挖掘中的一项重要任务。它主要用于发现那些与大多数数据点有很大差异的数据点，这些数据点通常被称为离群值。离群值检测在很多领域都有广泛的应用，如金融风险管理、医疗诊断、工业生产等。本书将从目标、常见问题、常用方法及其应用三个方面进行介绍，希望能够对离群值检测任务有一个更全面的了解。

（一）离群值检测的目标

离群值检测的主要目标是识别那些与大多数数据点不同的数据点，并且对这些离群值进行分析和解释。离群值通常是由各种原因造成的，如设备故障、数据采集错误、数据噪声等，因此离群值检测可以帮助我们找出那些可能存在问题的数据点，进而采取相应的措施来纠正或排除这些异常数据。离群值检测的应用非常广泛。在金融领域，离群值检测可帮助银行和保险公司识别那些可能存在欺诈行为的交易；在医疗领域，离群值检测可帮助医生诊断那些具有异常病情的患者；在工业生产中，离群值检测可帮助企业发现那些可能对产品质量产生影响的数据点。

（二）离群值检测常见问题

离群值检测是数据挖掘中的一项重要任务，但在实践中往往会遇到各种问题。下面将介绍几个常见的问题以及解决方法。

1. 阈值确定

在离群值检测中，如何判断一个数据点是否为离群值的阈值是一个关键问题。常用的方法包括基于统计学的方法和基于机器学习的方法。

对于基于统计学的方法，通常需要设定一个阈值来判断一个数据点是否为离群值。常用的方法包括阿特曼 Z-score 模型和箱线图法。在使用这些方法时，需要根据数据的分布情况来选择合适的阈值。

对于基于机器学习的方法，通常需要训练一个模型来检测离群值。在训练模型时，可以使用交叉验证等技术来选择合适的参数和阈值。

2. 多维数据处理

在实际应用中，经常会遇到多维数据的离群值检测问题。处理多维数据的方法主要包括投影法和聚类分析法。

（1）投影法是将多维数据投影到低维空间中进行处理的方法。常用的方法包括主成分分析（PCA）和局部线性嵌入算法（locally linear embedding，LLE）。通过将数据点投影到低维空间中，可以更容易地识别离群值。

（2）聚类分析法是将多维数据聚类为若干个子集，然后对每个子集进行离群值检测的方法。常用的方法包括基于密度的聚类算法和基于划分的聚类算法。通过聚类分析，可以更准确地识别离群值。

3. 大规模数据处理

在实际应用中，经常需要处理大规模数据的离群值检测问题，处理大规模数据的方法主要包括采样法和增量法。

（1）采样法是在原始数据集中随机抽取一部分数据进行离群值检测的方法。常用的方法包括随机采样和分层采样，通过采样可以有效地减少计算量，并且保持数据的分布特征。

（2）增量法是一种在线更新模型的方法。它可在不断接收新数据的情况下，动态地调整模型参数。常用的方法包括局部异常因子法和基于密度的离群值检测。通过增量法，可更有效地处理大规模数据。

4. 离群值解释

在离群值检测中，除识别离群值外，还需要对离群值进行解释和分析。解释离群值的方法主要包括基于领域知识的方法和基于可视化的方法。

（1）基于领域知识的方法是通过专家经验或相关领域知识来解释离群值的原因。这种方法可提供更高质量的解释，但需要具有相关领域知识的专业人士才能实现。

（2）基于可视化的方法是通过可视化技术来展示离群值的特征和分布情况，从而解释离群值的原因。常用的可视化技术包括散点图、箱线图、直方图等。

1）散点图。散点图是最常见的可视化方法之一，它可以将数据点在二维坐标系中展示出来，便于观察数据点之间的关系。对于离群值检测任务，可以使用散点图来观察离群值在数据集中的分布情况，并与正常数据进行比较。

2）箱线图。箱线图也是一种常用的可视化方法，它可以显示数据的中位数、四分位数、最小值和最大值。通过观察箱线图，可以判断离群值是否存在，并且了解离群值的分布情况。

3）直方图。直方图可以将数据按照一定区间进行分组，并展示各个区间中数据点的个数。通过观察直方图，可以了解数据的分布情况，并进一步判断是否存在离群值。

除上述常用的可视化方法外，还有其他一些高级的可视化技术，如多维可视化、降维可视化等。这些技术可帮助我们更全面地了解数据的分布情况，并找到离群值的原因。

需要注意的是，在使用可视化技术进行离群值检测时，需要考虑数据的维度和规模。对于高维度和大规模的数据，可视化技术可能不太适用，此时可使用聚类分析等方法来减少数据的维度，并选择合适的采样方法来缩小数据规模。

（三）离群值检测在电力数据挖掘中的应用场景

离群值检测在电力数据挖掘中有着广泛的应用。下面将介绍一些常见的应用场景。

1. 电网故障诊断

在电力系统中，可能会出现各种故障，如电压偏低、电流过载等。这些故障会导致电力系统的稳定性受到影响，甚至引发事故。通过对电力数据进行离群值检测，可及时发现存在问题的节点或设备，从而采取相应的措施来避免进一步的损失。

2. 异常负荷预警

电力系统的负荷变化通常较为频繁和复杂，因此很难预测未来的负荷情况。通过对历史数据的离群值检测，可发现那些异常的负荷数据，并且预判未来负荷可能的变化趋势。这对于电力系统的调度和规划具有重要意义。

3. 能耗分析

电力系统的能耗分析是对电力系统中各个设备的能源消耗情况进行分析和评估。通过对设备的能耗数据进行离群值检测，可发现那些存在问题的设备，并且识别出它们的能源消耗模式。这有助于电力系统管理者制定更加科学的能耗管理策略。

4. 电力异常检测

在电力系统中，可能会出现各种异常情况，如突发负荷、供电中断等。通过对历史数据的离群值检测，可发现那些异常的数据点，并提前预警相关人员进行处理。这对于保证电力系统的稳定运行具有重要意义。

5. 能效评估

电力系统的能效评估是对电力系统运行效率进行评估和优化。通过对电力数据进行离群值检测，可发现那些能效较低的设备或节点，并且识别出它们的能效特征。这有助于电力系统管理者制定更加科学的能效改进策略。

（四）常用离群值检测方法在电力数据挖掘中的应用

1. 阿特曼 Z-score 模型

阿特曼 Z-score 模型可用于电力负荷预测中，它可检测超出正常范围的负荷数据。具体地，可先计算某个时间段内负荷数据的平均值和标准差，然后将每个数据点转换为标准正态分布的得分。如果一个数据点的阿特曼 Z-score 模型超过了某个阈值，就可认为它是一个离群值。

2. 箱线图法

箱线图法也是一种常用的方法，在电网故障诊断和能效评估等场景下得到了广泛应用。它通过绘制电力数据的箱线图来判断是否存在离群值。以电网故障诊断为例，可将某个电网节点的电压、电流等参数进行箱线图绘制，然后根据箱线图中的上下边界来判断是否存在异常点。

3. 支持向量机

支持向量机是一种监督学习算法，它可将电力数据映射到高维度空间中，并且通过找到一个超平面来判断是否为离群值。以电力设备故障检测为例，可使用支持向量机来对各个设备的运行状态进行分类，从而检测那些可能存在故障的设备。

4. 随机森林

随机森林是一种集成学习算法，它可通过组合多个决策树来检测离群值。在电力领域，随机森林可用于电力负荷预测和能耗分析等场景。具体地，可先利用随机森林模型对数据进行训练，并生成一个决策树模型。然后，可用这个决策树模型来检测那些异常的数据点。

5. DBSCAN 算法

DBSCAN（density-based spatial clustering of applications with noise）是一种密度聚类算法，它可将电力数据点划分为不同的簇。具体地，可以设置一个半径值和一个密度阈值，如果某个数据点周围的密度超过了阈值，则认为它属于一个簇。那些不能被划分到任何一个簇中的数据点就是离群值。

6. LOCI 算法

LOCI（local outlier factor with constraint integration）算法是一种基于局部相关性的聚类算法，它能够识别出具有不同局部相关性的数据点，并判断其是否为离群值。该算法通过计算每个数据点的局部相关性来确定其所属的簇，并使用一个阈值来判断该数据点是否为离群值。

（五）离群值检测方法在电力数据挖掘中的实际应用案例

离群值检测是数据挖掘中常用的一种技术，可以帮助我们发现不符合正常规律的数据点，这些数据点通常具有异常的特性，可能会影响模型的训练和预测。在电力数据挖掘中，由于电力系统本身的复杂性和实时性，离群值检测技术显得尤为重要。本书将介绍几个实际应用案例，以展示离群值检测方法在电力数据挖掘中的应用。

1. 电力设备故障检测

电力设备故障是电力系统中的常见问题之一，如何及时发现和处理设备故障对于保证电力系统的安全稳定运行至关重要。利用离群值检测技术可帮助电力公司快速地发现有异常的设备，并及时采取相应的措施进行处理。

在一项研究中，研究人员使用阿特曼 Z-score 模型对电力机车的传感器数据进行离群值检测，以识别异常情况。该研究通过收集了多组传感器数据并进行分析，确定了每个传感器的最大阈值和最小阈值。然后，将所有的数据点与这些阈值进行比较，如果数据点偏离阈值过多，则将其标记为离群值，并进行故障诊断和处理。通过使用这种方法，研究人员成功地检测到了多个电力机车的异常情况，并为后续的维护提供了重要的参考。

2. 电力负荷预测

电力负荷预测是电力系统运行中的一个非常重要的任务，它可帮助我们合理分配电力资源，保证电力系统的稳定供应。然而，电力负荷预测受到很多因素的影响，如天气、节假日等，这些因素会导致负荷数据出现异常情况。因此，利用离群值检测技术可以去除这些异常情况，提高负荷预测的准确性。

在一项研究中，研究人员使用箱线图法对电力负荷数据进行离群值检测，以排除掉异常数据对负荷预测的影响。该研究采集了 2015—2019 年间中国某城市的电力负荷数据，并将该数据按照每小时为单位进行聚合。然后，研究人员使用箱线图法确定了每小时电力负荷数据的最大阈值和最小阈值，并将超出阈值的数据点标记为离群值。通过使用这种方法，研究人员成功地去除了负荷数据中的异常情况，并提高了负荷预测的准确性。

3. 电力质量分析

电力质量是电网运行状态和电能供给质量的综合指标，它对于保障电力系统的安全稳定运行至关重要。然而，电力质量受到很多因素的影响，如设备故障、天气等，这些因素会导致质量数据出现异常情况。因此，利用离群值检测技术可帮助电力企业识别出这些异常情况，并采取相应的措施进行改善。

在一项研究中，研究人员使用局部异常因子（local outlier factor，LOF）算法对电力质量数据进行离群值检测，以识别和分析电力质量问题。该研究收集了多组电力质量数据，并将数据点归为不同的簇。然后，利用 LOF 算法计算每个数据点与其邻居点之间的距离，通过比较每个点的 LOF 值来判断其是否为离群值。通过使用这种方法，研究人员成功地发现了多组电力质量数据中存在的异常情况，并采取相应的措施进行改善。

4. 电力线路故障检测

电力线路是电力系统中最基本的构成部分之一。而电力线路故障可能会导致电力系统的故障甚至停摆。因此，如何及时发现和处理电力线路故障对于保障电力系统的安全稳定运行至关重要。利用离群值检测技术可帮助我们快速地发现有异常的电力线路，并及时采取相应的措施进行处理。

在一项研究中，研究人员使用基于密度的聚类算法对电力线路传感器数据进行离群值检测，以识别异常情况。该研究收集了多组电力线路传感器数据，并将数据点根据其密度进行聚类。然后，利用基于密度的聚类算法确定每个聚类的核心点和边界点，并将离群点标记为噪声点。通过使用这种方法，研究人员成功地发现了多个电力线路中存在的异常情况，并为后续的维护提供了重要的参考。

5. 电力故障诊断

电力系统中存在各种不同类型的故障，如设备故障、线路故障等。对这些故障进行及时的诊断和处理对于保障电力系统的安全稳定运行至关重要。利用离群值检测技术可以帮助我们发现有异常的电力数据，从而实现电力故障的精准诊断。

在一项研究中，研究人员使用孤立森林（isolation forest）算法对电力系统数据进行离群值检测，并应用于电力故障诊断中。该研究收集了多组电力系统数据，并采用孤立森林算法识别出其中的离群值。然后，研究人员将离群值与故障数据库进行比对，以判断其是否为真实的电力故障。通过使用这种方法，研究人员成功地发现了多个电力系统中存在的异常情况，并提高了电力故障诊断的准确性。

离群值检测技术在电力数据挖掘中具有广泛的应用前景。本书介绍了几个实际应用案例，展示了离群值检测方法在电力设备故障检测、电力负荷预测、电力质量分析、电力线路故障检测和电力故障诊断等方面的应用场景。不同的离群值检测方法各有优缺点，在实际应用时需要根据具体场景选择合适的方法。未来，随着电力系统技术的不断发展和数据采集能力的提高，离群值检测技术将会得到更广泛的应用，并为电力系统的安全稳定运行提供更加精确和可靠的保障。

五、文本分析

文本分析是一种基于自然语言处理技术的数据挖掘技术，可以帮助电力企业从大量文本数据中提取有用信息，了解人们的态度、偏好和行为等。在实际应用中，文本分析涉及多个方面，如情感分析、主题建模、实体识别、文本分类等。本书将介绍文本分析的目标、文本分析常见问题及文本分析在实际应用中的应用场景。

（一）文本分析的目标

文本分析的目标是从文本数据中提取出有用信息和知识，以便进行各种应用，例如，情感分析、主题建模、实体识别、信息检索等。其核心任务包括文本预处理、特征提取、建模和评估。通过这些任务，文本分析可以帮助人们更好地理解和利用文本数据，从而支持决策制定、商业分析、社会网络分析等应用领域。

（二）文本分析常见问题

文本分析是一种用于自然语言处理（natural language processing，NLP）的技术，它可以从大规模的文本数据中提取出有用的信息和知识。在实际应用中，文本分析遇到了许多问题和挑战，本书将介绍文本分析中常见的问题，并探讨如何解决这些问题。

1. 大规模文本数据的存储和处理

随着移动互联网的发展，文本数据正在以指数级增长。对于大规模文本数据的存储和处理，文本分析面临着巨大的挑战。传统的文本处理方法，如基于规则或手工标注的方法，已经不能满足快速而有效的文本分析需求。因此，如何高效地存储和处理大规模文本数据是文本分析的一个重要问题。

为了解决这个问题，一些新的技术和工具被开发出来。如海杜普（Hadoop）和MapReduce是一种分布式计算框架，它可支持大规模文本数据的存储和处理。另外，使用基于内存的数据库、缓存和索引技术也可以提高文本处理的效率。

2. 文本预处理的准确性和效率

文本预处理是文本分析的首要任务，包括去除停用词、词干提取、词形还原、拼写纠错等。文本预处理对于后续的特征提取和建模任务至关重要，它会影响文本分析的精度和效率。然而，传统的文本预处理方法存在一些问题，如准确性不高、效率低下等。

为了提高文本预处理的准确性和效率，一些新的方法被开发出来。如使用机器学习技术可以自动学习停用词列表和拼写纠错规则，并且可以根据语境自适应进行词干提取和词形还原。此外，使用多线程或分布式计算技术也可以加速文本预处理的过程。

3. 特征选择和降维

在文本分析中，特征选择和降维是非常重要的任务。在大规模文本数据中，可能会存在成千上万个特征，这些特征会导致模型的复杂性和计算量巨大，在一定程度上影响文本分析的效果。因此，如何选择有意义的特征并降低特征的维数是文本分析的一个难点。

在特征选择方面，一些经典的方法被引入到文本分析中，如互信息、卡方检验、信息增益和基于 L1 正则化的模型。这些方法可以帮助选择最相关的特征，从而提高文本分析的准确性和效率。

在降维方面，主成分分析（PCA）是一种经典的方法，它可以将高维度的数据映射到低维度空间中，并保留尽可能多的信息。另外，使用词嵌入技术（如 Word2Vec 或 GloVe）可以将高维度的词向量映射到低维度的空间中，从而有效地降低特征的维数。

4. 类别不平衡问题

在分类任务中，类别不平衡问题是一个常见的挑战。例如，在情感分析中，正面情感的文本比负面情感的文本数量要多得多，因此在训练模型时，正例和负例的比例可能会极其不平衡。这会导致分类器倾向于预测为占大多数的类别，而对少数类别的预测效果较差。

解决类别不平衡问题的方法有很多种。一种常见的方法是过采样和欠采样。过采样指增加少数类别的样本量，欠采样则是减少多数类别的样本量。另外，使用基于成本的分类器可以为每个类别分配不同的代价，并且可以根据实际情况调整代价。此外，使用集成学习技术，如随机森林（random forest）或自适应增强（Adaptive Boooosting，AdaBoost）技术，也可以提高分类器对少数类别的识别能力。

5. 多语言处理

随着全球化的发展，多语言处理已经成为一个重要的问题。文本分析需要处理多语言数据，如英语、中文、法语等。然而，不同语言之间存在很大的差异，包括语法结构、词汇表、语音特征等。

为了解决多语言处理问题，需要开发针对不同语言的特定算法和模型。例如，在中文分词和命名实体识别方面，可以使用基于规则的方法或基于统计的方法。为了提高多语言处理的效率，可以使用跨语言学习技术，如多语言词嵌入和迁移学习。

6. 隐私保护

在大数据时代，个人隐私保护变得越来越重要。文本分析需要从大规模的文本数据中提取有用信息和知识，但这些数据很可能包含个人敏感信息，如姓名、地址、信用卡号码等。

为了保护个人隐私，文本分析需要遵守相关法律法规，并采取一些隐私保护措施。如可对文本数据进行匿名化处理，或者使用差分隐私技术对文本数据进行加密。此外，使用基于角色的访问控制和数据审计等技术也可确保文本分析的安全性和隐私保护。

7. 跨领域适应问题

在实际应用中，文本分析需要面对不同领域的文本数据，如新闻、社交媒体、电商等。不同领域的文本数据存在很大的差异，包括词汇表、语法结构、情感表达方式等。因此，在将文本分析应用于新领域时，需要解决跨领域适应问题。

为了解决这个问题，可使用迁移学习技术。迁移学习可将已经在一个领域上进行训练的模型迁移到另一个领域中，并通过微调来适应新领域的文本数据。此外，使用多源学习和深度学习方法也可提高文本分析在不同领域的适应性和泛化能力。

文本分析是一种重要的自然语言处理技术，它可从大规模的文本数据中提取有用信息和知识。在实际应用中，文本分析面临很多问题和挑战，包括大规模文本数据的存储和处理、文本预处理的准确性和效率、特征选择和降维、类别不平衡问题、多语言处理、隐私保护和跨领域适应问题等。针对这些问题，需要使用一些新的方法和技术，如分布式计算、机器学习、深度学习、迁移学习、差分隐私等。

此外，文本分析的应用非常广泛，包括情感分析、主题建模、实体识别、信息检索、社会网络分析、商业分析等。在实际应用中，需要根据具体需求选择相应的文本分析方法和技术，并进行合理的参数调整和模型优化。

总之，文本分析是一个复杂而又有挑战性的领域。面对不断增长的文本数据和变化的应用场景，文本分析需要不断地发展和改进，以满足人们对于自然语言处理的需求。

（三）文本分析在电力数据挖掘中的应用场景

电力数据挖掘是一种基于电力数据的信息提取和知识发现技术。它可从大量的电力数据中提取有用的信息和知识，帮助电力企业进行决策制定、资源优化、能源管理等方面的工作。在电力数据挖掘中，文本分析是一个重要的技术，可应用于多个方面，如下所述。

1. 电网故障预测

电网故障是电力企业面临的一个常见问题，它可能导致停电、设备损坏、安全事故等不良后果。为了减少电网故障的发生和影响，需要对电网进行监测和分析，并及时发现潜在的故障风险。

文本分析可应用于电网故障预测中，通过对设备日志、维修记录、异常报告等文本数据的分析，可发现电网中存在的潜在问题和风险。例如，通过对设备日志中的故障描述进行情感分析和主题建模，可发现哪些设备存在故障的概率更高，以便采取预防措施或提前维修。

2. 能源消耗分析

能源消耗分析是电力企业的一个重要工作，它可帮助企业了解能源使用情况，发现优化的空间，并制定合理的能源管理策略。

文本分析可应用于能源消耗分析中，通过对电力企业内部文档、舆情数据、社交媒体数据等文本数据的分析，可获取更全面的能源消费信息。例如，通过对社交媒体上的用户评论进行情感分析，可了解用户对于不同能源产品的看法和偏好；通过对科技文献的内容进行主题建模，可发现新的节能技术和方案。

3. 电力市场分析

电力市场是一个复杂的市场环境，它涉及供需平衡、价格波动、政策变化等多个方面。为了更好地把握电力市场的变化和机遇，需要对市场数据进行分析和挖掘。

文本分析可应用于电力市场分析中，通过对电力市场报告、政策文件、媒体报道等文本数据的分析，可发现市场趋势和变化。例如，通过对政策文件的内容进行主题建模，可了解政府对于电力行业的重点支持和规划；通过对媒体报道的情感分析，可了解公众对电力市场的看法和反馈。

4. 电力设备状态诊断

电力设备的状态诊断是保障电网安全和稳定运行的关键任务。通过对设备状态进行监测和分析，可及时发现设备故障和问题，并采取相应措施进行维修或更换。

文本分析可应用于电力设备状态诊断中，通过对设备日志、工单记录、维护手册等文本数据的分析，可发现设备存在的潜在问题和风险。例如，通过对设备日志的内容进行主题建模，可发现哪些设备存在频繁的故障和问题；通过对维护手册的内容进行情感分析，可了解维护人员对于不同设备的态度和评价。

5. 电力用户行为分析

电力用户行为分析可帮助电力企业了解用户的用电习惯、用电需求和用电偏好，提供个性化的服务和优化的能源管理方案。

文本分析可应用于电力用户行为分析中，通过对用户历史用电数据、用户反馈信息、社交媒体评论等文本数据的分析，发现用户的用电习惯和偏好。例如，通过对用户历史用电数据的时间序列分析，发现用户用电的高峰期和低谷期，并据此制定更合理的电价策略；通过对社交媒体上用户的评论进行情感分析，可了解用户对于不同电力产品或服务的满意度和不满意度。

6. 电力安全风险评估

电力安全是一个重要的问题，它涉及电力系统的稳定性、可靠性和安全性。为了保障电力系统的安全，需要对潜在的安全风险进行评估和预防。

文本分析可应用于电力安全风险评估中，通过对设备日志、事件报告、网络安全情报等文本数据的分析，发现电力系统存在的潜在安全风险和漏洞。例如，通过对设备日志和事件报告的内容进行主题建模，发现哪些设备存在较高的安全风险和故障率；通过对网络安全情报的内容进行情感分析和实体识别，可了解电力系统受到的网络攻击和威胁。

7. 电力售电预测

电力售电预测是电力企业重要的商业决策问题，它涉及电力市场的供需平衡、价格波动和销售收益等多个方面。为了更好地把握市场机遇和优化销售策略，需要对电力售电情况进行分析和预测。

文本分析可应用于电力售电预测中，通过对电力市场报告、政策文件、社交媒体评论等文本数据的分析，发现市场趋势和变化，进而预测电力售电情况。例如，通过对政策文件和市场报告的内容进行主题建模和情感分析，了解政府对于电力行业的支持和规划，以及公众对于电力市场的看法和反馈；通过对社交媒体上用户的评论进行情感分析，了解用户对不同电力产品或服务的态度和偏好，从而预测电力售电情况。

电力数据挖掘是一项具有重要意义的工作，它可以帮助电力企业发现新的商业机会和优化资源配置。文本分析是电力数据挖掘中一个重要的技术，它可应用于多个方面，如电网故障预测、能源消耗分析、电力市场分析、电力设备状态诊断、电力用户行为分析、电力安全风险评估和电力售电预测等。在应用文本分析技术时，需要根据具体需求选择适当的方法和技术，并进行合理的参数调整和模型优化，以达到最佳的效果。

（四）常用文本分析方法在电力数据挖掘中的应用

电力数据挖掘是通过对电力数据进行分析和挖掘，提取有价值的信息和知识，并为电力企业的决策制定、资源优化、能源管理等工作提供支持和指导。在电力数据挖掘中，文本分析是一个重要的技术，可应用于多个领域，如电网故障预测、能源消耗分析、电力市场分析、电力设备状态诊断、电力用户行为分析、电力安全风险评估和电力售电预测等。

文本分析广泛应用于电力数据挖掘中，包括文本预处理、情感分析、主题建模、实体识别、信息抽取、自然语言生成等。下面将分别介绍这些方法在电力数据挖掘中的应用。

1. 文本分类

文本分类是一种将电力文本数据按照其主题或类别进行分类的方法。这些文本数据可能包括电力设备传感器、测量仪器和用户反馈等各种来源的数据。文本分类算法旨在自动将文本数据分类到已知的类别中，以便进一步分析。

常用的文本分类算法包括决策树、朴素贝叶斯法（naive bayes model）、支持向量机和神经网络等。这些算法都需要进行训练，以便建立一个分类模型。在电力数据挖掘应用中，文本分类可应用于以下方面：

（1）故障诊断。通过对设备维护日志和传感器数据的文本描述进行分类，以确定设备故障类型。

（2）用户意见分析。通过对用户反馈和评论的文本进行分类，以了解用户对电力服务的看法和体验。

（3）市场研究。通过对行业新闻、竞争对手报告和其他市场信息的文本进行分类，以了解市场趋势和竞争态势。

2. 情感分析

情感分析是一种从文本中确定正面、负面或中性情感的技术。在电力数据挖掘中，情感分析可用于分析用户反馈、评论和其他社交媒体数据，以了解用户对电力服务的情感倾向。

常用的情感分析算法包括基于规则的方法和机器学习方法。基于规则的方法依赖于预定义的规则来识别情感，而机器学习方法需要进行训练以建立一个模型。在电力数据挖掘应用中，情感分析可应用于以下方面：

（1）用户满意度评估。通过从用户反馈和评论中提取情感信息，帮助电力企业了解用户对其服务的满意程度。

（2）品牌声誉管理。通过从社交媒体和行业新闻报道中分析情感信息，帮助电力企业了解其品牌声誉和公众形象。

（3）市场竞争分析。通过从竞争对手的用户反馈和评论中提取情感信息，帮助电力企业了解其在市场上的优劣势。

3. 主题建模

主题建模是一种从大量文本数据中发现主题或话题的技术。在电力数据挖掘中，主题建模可用于发现与电力相关的热门主题和趋势。常用的主题建模算法包括隐含狄利克雷分布（Latent Dirichlet Allocation，LDA）和潜在语义分析（latent semantic analysis，LSA）等。这些算法都需要进行训练，以便建立一个主题模型。在电力数据挖掘应用中，主题建模可以应用以下方面：

（1）舆情监测。通过对社交媒体、新闻报道和其他在线内容进行主题建模，帮助电力企业了解公众对其服务和产品的看法和态度。

（2）行业趋势分析。通过对行业新闻和研究报告进行主题建模，帮助电力企业了解当前行业趋势和未来发展方向。

4. 命名实体识别

命名实体识别（named entity recognition，NER）是一种从文本中提取出指定类型的实体名称的技术。在电力数据挖掘中，命名实体识别可用于识别设备、公司、地点等实体名称。常用的命名实体识别算法包括基于规则的方法和机器学习方法。基于规则的方法依赖于预定义的规则来识别实体，而机器学习方法需要进行训练以建立一个模型。在电力数据挖掘应用中，命名实体识别可应用以下方面：

（1）设备管理。通过自动识别设备名称和型号，帮助电力企业管理大量的设备信息。

（2）地理位置分析。通过从文本中提取地址和地点信息，帮助电力企业更好地了解其服务范围内的地理布局。

（3）行业新闻分析。通过从新闻报道中识别公司名称、人物和地点等信息，帮助电力企业了解行业趋势和主要参与者。

（五）文本分析在电力数据挖掘中的实际应用案例

电力行业是一个数据密集型的行业，每天产生大量的电力数据，包括供电负荷、电压、电流、温度等。这些数据对于电力企业来说非常重要，因为它们可以用于优化运营和维护电网设施。

文本分析是一种利用自然语言处理技术从文本数据中提取有用信息的技术。在电力数据挖掘中，文本分析方法可以用于处理大量的电力数据，并从中提取出有价值的知识和洞见。以下是几个实际的应用案例。

1. 电网故障预测

电网故障预测是电力企业关注的重点之一，因为它可以帮助防范故障并提高电力系统的可靠性。文本分析可用于分析大量的电力数据和日志文件，以识别潜在的故障风险。例如，通过分析历史数据，可以发现某些设备在特定条件下容易发生的故障，或者某些地区的故障率比其他地区高。这些信息可被用于制定预防措施和提高故障响应速度。

南方电网公司采用基于自然语言处理技术的故障信息智能分析平台，实现了将日志、故障报告等文本信息转化为数据，并对其进行挖掘和分析，以及对电力设备的故障模式进行预测。该技术在南方电网公司的电网系统中得到了广泛应用，提高了电网的可靠性和稳定性。

2. 负载预测

负载预测是电力企业优化运营的关键因素之一。文本分析可用于分析历史数据和天气预报数据，以预测未来的电力需求。例如，在某些天气条件下，人们可能会使用更多的电力来供暖或降温，这些信息可被用于预测未来的负载情况，并为电力企业制订相应的计划和策略。

华能国际电力股份有限公司（简称华能国际）采用基于自然语言处理技术的负荷预测系统，通过分析历史数据和天气预报数据，预测未来一周内的负荷情况，并生成相应的负荷预测报告。该系统帮助华能国际实现了有效的能源规划和高效管理，提高了电力系统的效率和运营成本。

3. 设备维护

电力设备的日常维护是电力企业必须面对的问题。文本分析可用于监测设备健康状况并及时发现异常情况。例如，通过分析设备的传感器数据和日志文件，发现某些设备出现了异常，如温度升高或者振动增强等。这些信息可被用于预测设备故障的概率，并在需要时采取维护措施。

深圳供电局有限公司（简称深圳供电局）利用基于自然语言处理技术的设备异常预警系统，对电力设备进行实时监测和分析，识别潜在的故障风险，并及时发出预警信息。该系统帮助深圳供电局提高了设备运行效率和可靠性，降低了设备维护成本。

4. 用户行为分析

用户行为分析可以帮助电力企业更好地了解客户的需求和行为。文本分析可用于处理大量的用户反馈、投诉和建议信息，并从中提取有价值的信息。例如，通过分析客户的投诉信息，发现某些地区或某些服务存在问题，并及时采取措施加以改进。此外，通过分析客户的使用数据，可以发现某些用户偏好和需求，并为电力企业提供更好的服务。

在电力数据挖掘中，文本分析可与其他数据挖掘技术结合使用，以提高数据分析的效率和准确性。例如，可以将文本分析用于分析日志文件，将时间序列分析用于处理负载数据，将机器学习用于预测未来的负载情况等。通过结合不同的技术和方法，可从电力数据中挖掘出更多的知识和价值，帮助电力企业优化运营并提高竞争力。

中国电信股份有限公司（简称中国电信）利用基于自然语言处理技术的客户舆情监测系统，实现了对客户反馈信息的快速分析和处理。该系统可实时监测客户的投诉和建议信息，在第一时间内进行处理。该系统帮助中国电信提高了客户满意度和服务质量。

5. 能耗管理

能耗管理是电力企业的重要任务之一。文本分析可用于分析大量的能耗数据，以发现潜在的能源浪费和节能机会。例如，通过分析电力设备的能耗数据，发现某些设备的能耗过高，进而采取相应的措施加以改进；通过分析能源消费的模式和趋势，可为电力企业提供更好的能源管理和规划。

国家电网公司采用基于自然语言处理技术的能源管理系统，对全国范围内的能源数据进行分析和挖掘。该系统可实时监测电力设备的能耗情况，并提出相应的节能建议。该系统帮助国家电网公司实现了有效的能源管理和规划，降低了能源消耗和碳排放。

6. 市场研究

市场研究是电力企业了解市场需求和竞争情况的重要手段之一。文本分析可用于分析大量的市场数据和调查数据，以发现市场趋势和客户需求。例如，通过分析客户的反馈和调查数据，发现某些产品或服务存在问题，并采取相应的改进措施；通过分析竞争对手的市场策略和表现，可为电力企业提供更好的市场洞察和决策支持。

华能国际利用基于自然语言处理技术的社交媒体监测系统，对市场竞争情况进行分析和挖掘。该系统可实时监测社交媒体平台上的竞争对手信息，并为华能国际提供市场洞察和决策支持。

7. 风险评估

风险评估是电力企业必须面对的问题之一。文本分析可用于预测潜在的风险和危机，以及帮助电力企业采取相应的措施以减轻风险。例如，通过分析市场和政策变化的信息，预测未来的风险和影响，并为电力企业提供应对方案。

国网北京市电力公司采用基于自然语言处理技术的风险识别和预警系统，对市场和政策变化进行实时分析和风险预测。该系统可识别潜在的风险和危机，并及时提出预警信息，帮助国网北京市电力公司采取相应的措施以减轻风险。

总之，在电力数据挖掘中，文本分析是一种非常有用的工具。通过分析大量的电力数据和日志文件，可以从中发现潜在的问题、机会和趋势，并为电力企业提供更好的决策支持和竞争优势。在未来，随着电力行业的不断发展和数字化转型，文本分析将扮演越来越重要的角色，成为电力企业实现智能化和可持续发展的关键技术之一。

除了以上提到的案例，文本分析方法还可以应用于电力企业的其他领域，例如，以下领域：

资产管理。通过分析设备的保养记录和维护历史，可以为电力企业提供设备寿命周期和维修计划。

告警管理。通过分析设备告警信息，可以帮助电力企业快速识别故障原因并进行修复。

应急管理。通过分析应急事件的报告和流程记录，可以帮助电力企业制定应急预案并进行快速响应。

总之，文本分析在电力数据挖掘中具有广泛的应用前景，可以为电力企业提供更好的数据洞察和决策支持。

六、时间序列分析

时间序列分析是一种常见的数据分析技术，可以用于对时间序列数据进行建模、预测和探索。时间序列数据是按照时间顺序记录的数据，如天气数据、股票价格、销售额等，因此具有明显的时间相关性。

（一）时间序列分析的目标

时间序列分析的目标是通过对时间序列数据的分析，识别其中的趋势、季节性、周期性等模式，并用于数据预测和决策支持。以下是几个时间序列分析的具体目标：

1. 趋势分析

趋势分析是时间序列分析中最基本的任务之一。趋势是指随着时间的推移，数据呈现出的长期变化方向。趋势分析的目标是识别时间序列数据中的趋势，并确定该趋势是否是线性或非线性的。趋势分析可以帮助我们了解时间序列数据的整体趋势，为未来的预测提供基础。

具体案例：对于某家电商而言，趋势分析可以帮助他们了解销售额的长期变化趋势，如每年的销售额增长率、季节性变化等。在这个基础上，他们可以制订相应的销售策略和计划。

2. 季节性分析

季节性是随着时间的推移，数据呈现出周期性变化。季节性分析的目标是识别时间序列数据中的季节性，并确定其循环长度和振幅。季节性分析可以帮助我们了解时间序列数据的周期性变化，从而预测未来的季节性需求或供应。

具体案例：对于某家零售商而言，季节性分析可以帮助他们了解销售额在不同季节的变化趋势，如春节、圣诞节等重要节日的销售情况。在这个基础上，他们可以制订相应的促销策略和计划。

3. 周期性分析

周期性是随着时间的推移，数据呈现出的长短不一的规律性变化。周期性分析的目标是识别时间序列数据中的周期性，并确定其循环长度和振幅。周期性分析可以帮助我们了解时间序列数据的周期性变化，从而预测未来的周期性需求或供应。

具体案例：对于某家能源公司而言，周期性分析可以帮助他们了解电力负载的变化趋势，如一天内的用电高峰和低谷。在这个基础上，他们可以制订相应的电力调度计划和策略。

4. 预测分析

预测分析是时间序列分析中最重要的任务之一。预测分析的目标是通过对时间序列数据进行建模，并使用该模型预测未来的数据趋势和变化。预测分析可以帮助我们了解未来的需求或供应情况，从而为决策提供支持。

具体案例：对于某家化工企业而言，预测分析可以帮助他们了解原材料价格的未来变化趋势，并做出相应的采购计划。在这个基础上，他们可以减少采购成本，提高利润率。

5. 控制分析

控制分析是时间序列分析中的一项重要任务，其目标是通过对时间序列数据进行分析，识别其中的异常和变化，并帮助我们了解这些变化的原因和影响。控制分析可以帮助我们及时发现问题并采取相应的措施，从而实现过程的稳定和持续改进。

具体案例：对于某家汽车制造商而言，控制分析可以帮助他们监测生产过程中的质量变化，并及时发现和修复问题。在这个基础上，他们可以提高产品质量和客户满意度。

6. 模型评估

模型评估是时间序列分析中非常重要的一个环节，其目标是评估建立的模型的准确性和可靠性，并选择最佳的模型进行预测和决策支持。模型评估可以帮助我们提高预测的准确性和精度，从而为决策提供更好的支持。

具体案例：对于某家金融机构而言，模型评估可以帮助他们评估建立风险模型的准确性和可靠性，并选择最佳的模型进行风险评估和管理。在这个基础上，他们可以降低风险和提高收益率。

7. 数据探索

数据探索是时间序列分析中重要的一个环节，其目标是通过可视化和统计方法探索数据之间的关系和趋势，并帮助我们了解数据的分布和特征。数据探索可帮助我们深入了解数据，为建立模型和预测提供基础。

具体案例：对于某家保险公司而言，数据探索可帮助他们了解客户的保险需求和风险特征。在这个基础上，他们可以设计相应的保险产品和策略，提高客户满意度和市场占有率。

8. 信号处理

信号处理是时间序列分析中重要的一个任务，其目标是对时间序列数据进行降噪、滤波、压缩等处理，以便更好地识别其中的趋势和变化。信号处理可帮助我们提高数据质量和精度，从而更准确地进行分析和预测。

具体案例：对于某家医疗设备制造商而言，信号处理可帮助他们降噪医学图像数据，提高图像质量和可读性。在这个基础上，医生可以更准确地判断病情和制订治疗方案。

9. 关联分析

关联分析是时间序列分析中非常重要的一个任务，其目标是发现不同数据之间的关系和相互影响。关联分析可帮助我们了解多个变量之间的关系，并发现其中的规律和模式。这对于预测和决策支持非常有帮助。

具体案例：对于某家电商而言，关联分析可帮助他们发现产品之间的相关性，并根据这些相关性制订相应的推销策略和营销活动方案。在这个基础上，他们可以提高销售额和客户满意度。

（二）时间序列分析常见问题

时间序列分析作为一种常见的数据分析方法，其应用广泛，但也存在着一些常见的问题和挑战。本书将介绍时间序列分析中的一些常见问题，并提供相应的解决方案。

1. 季节性和趋势效应

时间序列数据通常具有季节性和趋势效应，这可能导致模型预测能力不足或出现误差。季节性效应是时间序列数据在某个时间段内呈周期性变化，而趋势效应是时间序列数据随着时间的推移呈现持续性的上升或下降趋势。

解决方案：针对季节性效应和趋势效应，我们可采用多种方法进行处理，如去除季节性和趋势性，使得时间序列数据更加平稳，便于建模和预测。主要方法如下：

（1）差分法。对原始时间序列数据进行差分，并将其转化为平稳时间序列。差分法可以消除季节性和趋势性，使得时间序列数据更加平稳，便于后续建模和预测。

（2）移动平均法。通过计算时间窗口内的均值来平滑时间序列数据。移动平均法可消除季节性和趋势性，并保留其他变化，使得时间序列数据更加平稳。

（3）指数平滑法。通过对历史数据加权求和来估计未来数据。指数平滑法可消除季节性和趋势性，保留较大的波动。

（4）时间序列分解法。将原始时间序列数据分解成趋势性、季节性和随机性三个部分，以便更好地理解时间序列数据的组成。

2. 空缺值

时间序列数据中常常存在着空缺值，这可能导致模型建立和预测能力不足或出现误差。空缺值可能由于各种原因而产生，如设备故障、数据采集错误等。

解决方案：针对空缺值问题，我们可采用多种方法进行处理，如插值法、回归法等。主要方法如下。

（1）插值法。通过已知数据点之间的插值来填补空缺值。插值法包括线性插值、多项式插值、样条插值等。

（2）回归法。通过使用已知数据点构建回归模型来估计空缺值。回归法包括简单线性回归、多元线性回归等。

（3）时间序列插补法。通过使用时间序列分析方法来估计空缺值。时间序列插补法包括线性插补、指数平滑插补等。

3. 异方差性

时间序列数据通常具有异方差性，这可能导致模型建立和预测能力不足或出现误差。异方差性指时间序列数据的方差在某些时间段内呈非线性变化，即波动幅度不稳定。

解决方案：针对异方差性问题，我们可采用多种方法进行处理，如对数转换、差分法等。主要方法如下。

（1）对数转换法。通过对时间序列数据取对数，将其转化为线性变化。对数转换法可消除异方差性，使时间序列数据更加平稳，便于后续建模和预测。

（2）差分法。通过对时间序列数据进行差分，将其转化为平稳时间序列。差分法可消除异方差性，使得时间序列数据更加平稳，便于后续建模和预测。

4. 序列相关性

时间序列数据通常具有序列相关性，即当前时刻的取值与前一时刻或多个时刻的取值相关。序列相关性可能导致模型预测能力不足或出现误差。

解决方案：针对序列相关性问题，我们可采用多种方法进行处理，如自回归移动平均模型（auto regressive integrated moving average，ARIMA）模型、向量自回归（vector autoregression，VAR）模型等。主要方法如下。

（1）ARIMA 模型。自回归移动平均模型是一种广泛应用于时间序列分析中的模型，它可刻画时间序列数据的自相关性和移动平均性，并对时间序列数据进行预测。

（2）VAR 模型。向量自回归模型是一种用于描述多变量时间序列之间相互作用的模型，它可捕捉多个时间序列之间的交互关系，并对这些时间序列进行预测。

5. 非线性关系

时间序列数据可能存在非线性关系，这可能导致传统线性模型的精度不足。

解决方案：针对非线性关系问题，我们可以采用多种方法进行处理例如神经网络模型、支持向量机模型等。主要方法如下。

（1）神经网络模型。神经网络是一种广泛应用于时间序列分析中的模型，它可捕捉时间序列数据复杂的非线性关系，并对时间序列数据进行预测。

（2）支持向量机模型。支持向量机是一种基于统计学习理论的模型，它可以在高维空间中构建超平面，将不同类别的数据点分开。支持向量机模型可处理非线性关系，并对时间序列数据进行预测。

6. 过拟合和欠拟合

在时间序列分析过程中，模型有可能存在过拟合或欠拟合的情况。过拟合是模型在训练数据上表现很好，但在测试数据上表现较差；欠拟合是模型无法捕捉数据中的规律，表现较差。

解决方案：针对过拟合和欠拟合问题，我们可采用多种方法进行处理，如交叉验证、正则化等。主要方法如下。

（1）交叉验证。通过将原始数据集划分为训练集和验证集，来评估模型的预测能力。交叉验证可以降低模型过拟合的风险，并提高模型在测试数据上的表现。

（2）正则化。通过在目标函数中添加正则项来限制模型的自由度，从而防止模型过拟合。常见的正则化方法包括 L1 正则化和 L2 正则化。

7. 外部因素

时间序列数据可能受到外部因素的影响，如天气、节假日等。这些外部因素可能导致模型预测能力不足或出现误差。

解决方案：针对外部因素问题，我们可采用多种方法进行处理，如引入外部变量、构建过滤模型等。主要方法如下。

（1）引入外部变量。通过将外部变量作为模型的输入，来建立考虑外部因素的时间序列模型。例如，在电力负荷预测中，可引入温度、湿度等外部变量，以更准确地预测电力负荷。

（2）构建过滤模型。通过对原始数据进行滤波处理，去除影响因素的干扰，从而提高模型预测能力。例如，在股票价格预测中，可通过卡尔曼滤波方法去除噪声和非预期事件的影响，从而提高模型的精度。

8. 数据规模

时间序列分析需要大量的历史数据进行建模和分析，然而在实际应用中，我们可能无法获取足够的历史数据。

解决方案：针对数据规模问题，我们可采用多种方法进行处理，如数据重采样、合成数据等。主要方法如下。

（1）数据重采样。通过对原始数据进行重采样，将其转化为更长或更短的时间尺度，从而获取更多的历史数据。例如，可将分钟级别的数据重采样为小时或天级别的数据。

（2）合成数据。通过模拟生成具有相似特征的数据，并将其添加到原始数据集中，从而扩展数据规模。例如，在股票价格预测中，可通过生成具有相似趋势和波动性质的人工数据，并将其添加到原始数据集中。

9. 时序预测

时间序列分析的主要目的是对未来的趋势进行预测，但时序预测存在着一些挑战，如突发事件、非线性关系等。

解决方案：针对时序预测问题，我们可以采用多种方法进行处理，如融合模型、异常检测等。主要方法如下。

（1）融合模型。通过结合多个模型或算法，以提高预测精度。例如，可以通过融合ARIMA模型和神经网络模型，提高时间序列数据的预测能力。

（2）异常检测。通过识别并排除异常数据，以提高预测精度。例如，在电力负荷预测中，可以通过异常检测方法排除设备故障、天气异常等干扰因素的影响，从而提高预测精度。

总之，时间序列分析在实际应用中可能面临各种问题和挑战，但这些问题都可以通过合适的方法和技术加以处理。在实际应用中，需要根据具体情况选择合适的方法，并不断优化和改进，以提高时间序列分析的效果和精度。

（三）时间序列分析在电力数据挖掘的应用场景

时间序列分析在电力数据挖掘中有许多应用场景，包括电力负荷预测、电力市场分析、电力设备状态监测、电力故障诊断等。下面将详细介绍时间序列分析在电力数据挖掘中的应用场景及其方法。

1. 电力负荷预测

电力负荷预测是电力行业的一个重要应用场景，其目标是通过对历史电力负荷数据进行分析和建模，并用该模型预测未来的电力负荷趋势和变化。电力负荷预测可帮助电力公司做好电力供给规划和风险管理，提高电力系统的效率和稳定性。电力负荷预测方法包括基于统计学方法、机器学习方法和深度学习方法等。

在电力负荷预测中，通常使用的统计学方法包括 ARIMA 模型、指数平滑模型等；机器学习方法包括支持向量回归、决策树回归等；深度学习方法则包括循环神经网络（recurrent neural network，RNN）和长短时记忆网络（long short-term memory，LSTM）等。通过这些方法，可以精确地预测电力负荷的未来趋势和变化，提高电力系统的稳定性和效率。

2. 电力市场分析

电力市场分析是电力行业的一个重要应用场景，其目标是通过对历史电力市场数据进行分析和建模，并用该模型预测未来的市场需求和价格趋势。电力市场分析可帮助电力公司做好电力市场供给规划和风险管理，提高电力市场的效率和竞争力。电力市场分析方法包括基于统计学方法、机器学习方法和深度学习方法等。

在电力市场分析中，通常使用的统计学方法包括 ARIMA 模型、指数平滑模型等；机器学习方法包括支持向量回归、随机森林回归等；深度学习方法则包括循环神经网络和长短时记忆网络等。通过这些方法，可以预测电力市场的未来需求和价格趋势，制定适当的电力供给策略和营销策略。

3. 电力设备状态监测

电力设备状态监测是电力行业的一个重要应用场景，其目标是通过对电力设备运行数据进行分析和建模，并实时监测设备状态和性能。电力设备状态监测可以帮助电力公司及时发现设备故障和损坏情况，采取相应的维护和修复措施，保证电力系统的正常运行。电力设备状态监测方法包括基于统计学方法、机器学习方法和深度学习方法等。

在电力设备状态监测中，通常使用的统计学方法包括时间序列分析、偏相关分析等；机器学习方法包括支持向量机、朴素贝叶斯分类器等；深度学习方法则包括卷积神经网络（convolutional neural networks，CNN）和循环神经网络等。通过这些方法，可实时监测电力设备的状态和性能，提高电力系统运行效率和可靠性。

4. 电力故障诊断

电力故障诊断是电力行业的一个重要应用场景，其目标是通过对电力系统故障数据进行分析和建模，并识别故障原因和位置。电力故障诊断可帮助电力公司及时发现电力系统的故障情况，并采取相应的修复措施，保证电力系统的正常运行。电力故障诊断方法包括基于统计学方法、机器学习方法和深度学习方法等。

在电力故障诊断中，通常使用的统计学方法包括时间序列分析、偏相关分析等；机器学习方法包括支持向量机、决策树分类器等；深度学习方法则包括卷积神经网络和循环神经网络等。通过这些方法，可识别电力系统的故障原因和位置，快速处理电力系统的故障问题。

5. 电力质量监测

电力质量监测是电力行业的一个重要应用场景，其目标是通过对电力质量数据进行分析和建模，并实时监测电力质量状态。电力质量监测可帮助电力公司及时发现电力质量问题，采取相应的措施，提高电力系统的稳定性和效率。电力质量监测方法包括基于统计学方法、机器学习方法和深度学习方法等。

在电力质量监测中，通常使用的统计学方法包括时间序列分析、偏相关分析等；机器学习方法包括支持向量回归、决策树回归等；深度学习方法包括循环神经网络和长短时记忆网络等。通过这些方法，可以实时监测电力质量的状态，并及时发现电力质量问题，保证电力系统的正常运行。

总之，时间序列分析在电力数据挖掘中有许多应用场景，可帮助电力公司提高电力系统的效率和稳定性，降低电力运营成本和风险。随着技术的不断进步和应用场景的不断扩展，时间序列分析在电力领域的应用前景将会更加广阔。

（四）常用时间序列分析方法在电力数据挖掘的应用

电力数据挖掘是一项重要的任务，旨在通过对电力系统中的大量数据进行分析和挖掘，以优化电力系统运行、提高供电质量和降低成本。时间序列分析方法是电力数据挖掘中常用的一种方法，其主要目的是对电力系统中的历史数据进行分析和预测，以指导电力系统的运行和管理。本书将介绍常用的时间序列分析方法在电力数据挖掘中的应用。

1. 时间序列的基本概念

时间序列是一组按照时间顺序排列的数据点集合，通常用于描述某个变量随时间的变化情况。时间序列数据通常具有趋势性、季节性、周期性等特征，这些特征可通过时间序列分解等方法来分离。时间序列数据通常具有自相关性，即当前时刻的取值与其他时刻的取值存在相关性，这可通过自相关函数（ACF）和偏自相关函数（PACF）来衡量。时间序列数据还可能存在白噪声等随机因素，这可以通过残差分析等方法来检验。

2. ARIMA 模型

ARIMA 模型是一种广泛应用于时间序列分析中的模型，其主要用于描述时间序列数据的自相关性和移动平均性，并对时间序列数据进行预测。ARIMA 模型包括自回归（AR）、差分（I）和移动平均（MA）三个部分。其中，AR 部分用于描述时间序列的自相关性，MA 部分用于描述时间序列的移动平均性，I 部分用于消除时间序列中的非平稳性。

ARIMA 模型的建立过程通常包括以下步骤：

（1）确定时间序列的平稳性。通过观察时间序列图、自相关函数（ACF）和偏自相关函数（PACF）等方法来判断时间序列是否平稳，如果不平稳则需要进行差分处理。

（2）估计模型的阶数。通过观察自相关函数和偏自相关函数的截尾情况，来确定 ARIMA 模型的阶数。

（3）估计模型参数。通过最大似然估计等方法来估计 ARIMA 模型的参数。

（4）验证模型拟合。通过残差分析、模型评价指标等方法来验证 ARIMA 模型的拟合效果。

（5）进行预测。通过 ARIMA 模型进行未来值的预测。

在电力系统中，ARIMA 模型通常应用于电力负荷预测、电价预测等领域。例如，在电力负荷预测中，可通过 ARIMA 模型对历史电力负荷数据进行建模，并预测未来的电力负荷，以指导电力系统的运行和管理。ARIMA 模型在电力负荷预测中的应用已经得到了广泛的认可和应用。

3. VAR 模型

VAR 模型是一种基于向量自回归理论的多变量时间序列分析方法，其主要用于描述多个时间序列之间相互作用的关系，并对这些时间序列进行预测。VAR 模型包括向量自回归（VAR）和向量误差修正（vector error correction，VEC）模型两个部分，其中 VAR 部分用于描述多个时间序列之间的自相关性，VECM 部分用于消除多个时间序列中的非平稳性。

VAR 模型的建立过程通常包括以下步骤：

（1）确定时间序列的平稳性。通过观察多个时间序列的图形、自相关函数（ACF）和偏自相关函数（PACF）等方法来判断多个时间序列是否平稳，如果不平稳则需要进行差分处理。

（2）估计模型的阶数。通过 VAR 模型的信息准则等方法来确定 VAR 模型的阶数。

（3）估计模型参数。通过最大似然估计等方法来估计 VAR 模型的参数。

（4）验证模型拟合。通过残差分析、模型评价指标等方法来验证 VAR 模型的拟合效果。

（5）进行预测。通过 VAR 模型进行未来值的预测。

在电力系统中，VAR 模型通常应用于电力负荷预测、电价预测、电压稳定性分析等领域。例如，在电力负荷预测中，可以通过 VAR 模型对多个历史电力负荷数据进行建模，并预测未来的电力负荷，以指导电力系统的运行和管理。VAR 模型在电力负荷预测中的应用已经得到了广泛的认可和应用。

4. 神经网络模型

神经网络模型是一种基于人工神经元理论的模型，其主要用于捕捉时间序列数据的复杂非线性关系，并对时间序列数据进行预测。神经网络模型通常包括输入层、隐含层和输出层三个部分。其中，输入层用于接收时间序列数据的输入变量，隐含层用于捕捉时间序列数据中的非线性关系，输出层用于生成时间序列数据的预测值。

神经网络模型的建立过程通常包括以下步骤：

（1）设计神经网络结构。通过选择神经元的数量和层数等参数，来设计神经网络的结构。

（2）准备训练数据集。通过将历史时间序列数据划分为训练集和测试集，来准备神经网络的训练数据。

（3）训练神经网络。通过反向传播算法等方法来训练神经网络模型。

（4）验证模型拟合。通过在测试集上验证神经网络模型的拟合效果。

（5）进行预测。通过神经网络模型进行未来值的预测。

在电力系统中，神经网络模型通常应用于电力负荷预测、电价预测、故障诊断等领域。例如，在电力负荷预测中，可以通过神经网络模型对历史电力负荷数据进行训练，并预测未来的电力负荷。

5. 支持向量机模型

支持向量机模型是一种基于统计学习理论的模型，其主要用于处理高维空间中的分类和回归问题。支持向量机模型有很好的泛化能力和鲁棒性，可以处理复杂的非线性关系。

支持向量机模型的建立过程通常包括以下步骤：

（1）准备训练数据集。通过将历史时间序列数据划分为训练集和测试集，来准备支持向量机的训练数据。

（2）设计支持向量机核函数。通过选择核函数，来将时间序列数据映射到高维空间中，并实现非线性关系的建模。

（3）训练支持向量机模型。通过最大间隔分类等方法来训练支持向量机模型。

（4）验证模型拟合。通过在测试集上验证支持向量机模型的拟合效果。

（5）进行预测。通过支持向量机模型进行未来值的预测。

在电力系统中，支持向量机模型通常应用于电价预测、电力负荷预测、故障诊断等领域。例如，在电力负荷预测中，可以通过支持向量机模型对历史电力负荷数据进行训练，并预测未来的电力负荷。

6. 灰色模型

灰色模型是一种基于少量数据和小样本的时间序列分析方法，其主要用于描述时间序列数据的趋势性和长期预测。灰色模型包括 GM（1，1）模型和 GM（2，1）模型两个部分，其中 GM（1，1）模型用于描述时间序列数据的一次指数平滑趋势，GM（2，1）模型用于描述时间序列数据的二次指数平滑趋势。

灰色模型的建立过程通常包括以下步骤：

（1）建立灰色微分方程。通过灰色微分方程来描述时间序列数据的趋势变化。

（2）求解灰色微分方程参数。通过最小二乘法等方法来求解灰色微分方程的参数。

（3）验证模型拟合。通过残差分析、模型评价指标等方法来验证灰色模型的拟合效果。

（4）进行预测。通过灰色模型进行未来值的预测。

在电力系统中，灰色模型通常应用于电力负荷预测、电价预测等领域。例如，在电力负荷预测中，可以通过灰色模型对历史电力负荷数据进行建模，并预测未来的电力负荷。

7. 时间序列分析在电力数据挖掘中的应用

时间序列分析方法在电力数据挖掘中应用广泛，主要包括以下几个方面：

（1）电力负荷预测。通过时间序列分析方法，对历史电力负荷数据进行建模和预测，以指导电力系统的运行和管理。

（2）电价预测。通过时间序列分析方法，对历史电价数据进行建模和预测，以指导电力市场的运作和管理。

（3）故障诊断。通过时间序列分析方法，对电力设备的历史数据进行分析和挖掘，以检测电力设备的异常和故障信息。

（4）电压稳定性分析。通过时间序列分析方法，对电力系统中的电压数据进行分析和挖掘，以评估电力系统的稳定性和可靠性。

（5）能源消耗预测。通过时间序列分析方法，对历史能源消耗数据进行建模和预测，以指导能源使用的规划和管理。

时间序列分析方法是电力数据挖掘中常用的一种方法，其主要目的是对电力系统中的历史数据进行分析和预测。常用的时间序列分析方法包括 ARIMA 模型、VAR 模型、神经网络模型、支持向量机模型等。这些方法在电力负荷预测、电价预测、故障诊断、电压稳定性分析和能源消耗预测等领域有广泛的应用。在应用时间序列分析方法时，需要根据具体的问题选择合适的方法，并对模型进行验证和优化，以提高预测的准确性和可靠性。同时，在使用时间序列分析方法时，还需要考虑数据质量和数据的特点等因素，以保证模型的有效性和可靠性。

（五）时间序列分析方法在电力数据挖掘中的实际应用案例

电力系统是现代社会基础设施的重要组成部分，其运行和管理涉及国家经济发展和社会稳定。随着信息技术的快速发展，电力系统中积累了大量的历史数据，这些数据包含了电力负荷、电价、电压、能源消耗等方面的信息，为电力系统的运行和管理提供了有价值的参考。然而，这些数据也带来了挑战，如何从数据中提取有用的信息和知识，成为电力数据挖掘面临的主要问题。

时间序列分析方法是电力数据挖掘中常用的一种方法，其主要目的是对电力系统中的历史数据进行分析和预测。时间序列分析方法可帮助电力系统管理者了解电力系统的运行状态、预测未来发展趋势、做出科学决策等。本书将通过一些实际案例，介绍时间序列分析方法在电力数据挖掘中的应用。

1. 电力负荷预测

电力负荷预测是电力系统中一个重要的问题，在电力供需平衡、电力市场调控、电力设备规划等方面具有重要的应用价值。电力负荷预测的主要问题是如何准确地估计未来一段时间的负荷需求，以指导电力系统的运行和管理。

某省电力公司需要预测未来 24 小时的电力负荷需求，以指导电力系统的调度和管理。该公司历史上有大量的电力负荷数据可供分析，现在需要通过时间序列分析方法来对这些数据进行建模和预测。

对于电力负荷预测问题，常用的时间序列分析方法包括 ARIMA 模型、VAR 模型、神经网络模型等。在本案例中，我们采用了 ARIMA 模型来建立负荷预测模型。

ARIMA 模型是一种基于自回归和移动平均的时间序列分析模型，其主要用于捕捉时间序列数据的长期趋势、季节性和随机波动等特征，以进行时间序列的预测。ARIMA 模型包括三个参数，即 p、d、q，分别表示自回归项、差分次数和移动平均项的阶数。通常可以通过观察自相关图（ACF）和偏自相关图（PACF）等方法来确定 ARIMA 模型的参数。

为了预测未来 24 小时的电力负荷需求，我们首先将历史电力负荷数据按照小时间隔进行划分，并将其中 70％作为训练集，30％作为测试集。然后，我们通过观察自相关图和偏自相关图等方法，确定了 ARIMA 模型的参数 ARIMA（1，1，1）。接着，我们使用训练集数据来训练 ARIMA 模型，并对测试集数据进行预测。从预测结果可以看出，ARIMA 模型可以较好地预测未来 24 小时的电力负荷需求。预测结果与实际数据较为接近，预测误差较小。通过时间序列分析方法建立的电力负荷预测模型，可以帮助电力系统管理者更好地了解未来电力负荷需求，以指导电力系统的调度和管理。例如，在实际运行中，该电力公司可以根据预测结果提前做好电力调度计划，保障电力供应的稳定性和可靠性。

2. 电价预测

电价是电力市场的核心因素之一，其变化对电力市场的供需关系、发电企业的利润和用户的用电成本等都有着重要影响。因此，电价预测在电力市场调控、电力交易等方面具有重要的应用价值。

某省电力市场需要预测未来一个月的电价走势，以指导电力市场的调节和管理。该市场历史上有大量的电价数据可供分析，现在需要通过时间序列分析方法来对这些数据进行建模和预测。

对于电价预测问题，常用的时间序列分析方法包括 ARIMA 模型、VAR 模型、神经网络模型等。在本案例中，我们采用了 VAR 模型来建立电价预测模型。

VAR 模型是一种基于向量自回归的时间序列分析模型，其主要用于捕捉多个时间序列之间的动态关系和影响因素，以进行时间序列的预测。VAR 模型包括两个参数，即 p、q，分别表示自回归项和移动平均项的阶数。通常可以通过观察自相关图（ACF）

和偏自相关图（PACF）等方法来确定 VAR 模型的参数。

为了预测未来一个月的电价走势，我们首先将历史电价数据按照天进行划分，并将其中 70％作为训练集，30％作为测试集。然后，我们通过观察自相关图和偏自相关图等方法，确定了 VAR 模型的参数为 VAR（7）。接着，我们使用训练集数据来训练 VAR 模型，并对测试集数据进行预测。从预测结果可以看出，VAR 模型可以较好地预测未来一个月的电价走势。预测结果与实际数据较为接近，预测误差较小。

通过时间序列分析方法建立的电价预测模型，可以帮助电力市场管理者更好地了解未来电价走势，以指导电力市场的调节和管理。例如，在实际运营中，该电力市场可以根据预测结果及时做出相应的电价调整，以保障电力市场的平稳运行和良性发展。

3. 故障诊断

电力设备的故障会严重影响电力系统的正常运行，甚至可能造成停电等重大事故。因此，对电力设备的异常和故障信息进行及时检测和诊断，对于保障电力系统的安全稳定运行具有重要意义。

某电力公司需要对变压器的故障进行诊断，以保障电力系统的稳定运行。该公司历史上有大量变压器的运行数据可供分析，现在需要通过时间序列分析方法来检测和诊断变压器的异常和故障情况。

对于电力设备的故障诊断问题，常用的时间序列分析方法包括 ARIMA 模型、VAR 模型、神经网络模型等。在本案例中，我们采用了季节性分解和指数平滑法对变压器进行故障诊断。

季节性分解是一种将时间序列分解成趋势、季节性和随机波动三部分的方法，其主要用于检测和分离季节性因素的影响。指数平滑法是一种基于加权移动平均的时间序列分析方法，其主要用于捕捉时间序列数据的长期趋势和周期性波动。

为了检测和诊断变压器的异常和故障情况，我们首先将变压器历史数据按照小时间隔进行划分，并使用季节性分解方法来检测和分离季节性因素的影响。从季节性分解结果可以看出，该变压器数据存在明显的季节性影响，并且随着时间的推移，其趋势逐渐上升，说明变压器负载不断增加。

接着，我们使用指数平滑法来预测未来一段时间内的变压器运行状态。从预测结果可以看出，变压器负载在未来一段时间内将继续增加，但预测值与实际值之间存在较大的差异，说明该变压器可能存在异常或故障情况。

通过时间序列分析方法进行的变压器故障诊断，可帮助电力系统管理者及时检测和诊断变压器的异常和故障情况，以保障电力系统的稳定运行。例如，在实际运营中，该电力公司可以根据预测结果及时对变压器进行检修和维护，防止故障的扩大和影响。

本书通过实际案例介绍了时间序列分析方法在电力数据挖掘中的应用。电力负荷预测、电价预测和故障诊断等问题都是电力系统管理和运行中常见的问题，时间序列分析方法可以帮助电力系统管理者更好地了解电力系统的运行状态、预测未来发展趋势和检测异常和故障情况，以指导电力系统的调度和管理。在使用时间序列分析方法时，需要根据具体的问题选择合适的方法，并对模型进行验证和优化，以提高预测的准确性和可靠性。同时，在使用时间序列分析方法时，需要充分考虑数据质量、特征选择、模型参数等因素的影响，以提高模型的泛化能力和适应性。

七、图像处理

图像识别指通过计算机视觉技术对图像进行分析和处理，实现对图像中物体、场景、文字等信息的自动识别和分类。图像识别技术可以应用于多个领域，如智能交通、安防监控、医学影像、媒体传播等，具有重要的实际应用价值。

（一）图像识别任务的目标

图像识别的目标是根据给定的图像数据集和分类标签，设计和实现合适的图像识别模型，实现对图像中物体、场景、文字等信息的准确识别和分类，并输出相应的识别结果和概率值。图像识别通常包括数据预处理、特征提取、模型训练和模型评估等多个环节，需要综合运用多种计算机视觉、机器学习和深度学习技术。

（二）图像识别常见问题

随着计算机视觉技术和深度学习算法的不断发展，图像识别技术越来越受到重视和关注。图像识别在智能交通、安防监控、医学影像、媒体传播等领域都有广泛的应用前景。

然而，在实际应用中，图像识别面临着许多挑战和问题。例如，图像的质量、光照、遮挡等因素会影响图像识别的准确性和鲁棒性；数据集的大小和质量会影响模型的泛化能力和效果；特征提取和模型训练过程中的超参数选择也会影响模型的性能和效率。本书将围绕这些问题展开讨论，介绍图像识别常见问题及相关解决方法。

1. 数据集问题

（1）数据集大小问题。数据集大小是影响图像识别性能的一个重要因素。通常情况下，数据集越大，模型的泛化能力和准确性就越高。然而，大规模数据集的采集和标注成本较高，限制了数据集的大小和质量。解决方法如下：

1）数据增强。利用旋转、翻转、裁剪等技术对原始数据进行变换和扩充，从而增加训练集的多样性和数量，提高模型的泛化能力和鲁棒性。

2）迁移学习。利用预训练模型或已有数据集进行迁移学习，从而减少新数据集的需求量，提高模型的泛化能力。

3）主动学习。通过人机交互的方式，利用模型的不确定性评估，选择最具代表性的样本进行标注，从而提高数据集的效率和质量。

（2）数据集难度问题。数据集的难度是指数据集中包含的图像种类、复杂度、多样性等因素对识别图像的影响。例如，在复杂场景下的物体识别比简单场景下的识别更具挑战性。但是，对于某些应用领域，如医学影像识别和安防监控等，数据集的难度相对较高，需要针对特定应用场景设计合适的识别算法和模型。解决方法如下：

1）数据集平衡。在数据集构建过程中，尽量保持不同类别图像的数量平衡，避免出现某些类别样本过少或过多的情况，导致模型偏向某些类别。

2）迁移学习。利用预训练模型或已有数据集进行迁移学习，提高模型的泛化能力和适应性，从而适应不同难度的数据集。

3）模型融合。通过集成多个模型的预测结果，从而提高图像识别准确率和鲁棒性。

2. 特征提取问题

特征表达是对图像进行特征提取，并将其转换为具有区分度和代表性的特征向量。特征表达对图像识别任务的准确性和效率有着重要的影响。然而，不同图像应用场景下的特征表达方法可能存在差异，具有一定的挑战性。解决方法如下：

（1）手工设计特征。根据图像属性和应用场景，利用人类专家知识设计特定的特征提取算法，如连通区域、颜色直方图等。

（2）深度学习特征。利用卷积神经网络等深度学习模型自动提取图像中的高级特征，并将其转换为特征向量。深度学习特征具有良好的表达能力和泛化能力，在图像分类任务中取得了广泛的成功。

（3）多尺度特征融合。将不同尺寸和颗粒度的特征进行融合，从而提高特征的代表性和区分度。

3. 特征选择问题

特征选择是在特征表达阶段，对提取的特征进行筛选和提取，从而提高模型的泛化能力和效率。特征选择通常包括过滤式和包裹式两个方面的问题。解决方法如下：

（1）过滤式特征选择。在特征提取和模型训练之前，将特征按照某种度量标准进行排序，选择最具有区分度的特征子集。常用的筛选方法包括相关系数、卡方检验、互信息等。

（2）包裹式特征选择。利用特定的分类器或回归模型，对不同特征子集进行评估和比较，从而选择最优的特征子集。包裹式特征选择的计算开销较大，但能发现更加精细和有效的特征子集。

4. 模型训练问题

过拟合和欠拟合问题。过拟合和欠拟合是模型在训练集和测试集上表现的差异。过拟合是模型过度学习了训练集中的噪声和随机性，导致在测试集上的泛化能力较弱；欠拟合是模型过于简单，无法充分拟合数据的复杂性和变化性，导致在训练集上的准确率较低。解决方法如下：

（1）正则化。通过限制模型权重系数的大小，避免过拟合问题；或者增加噪声数据，引入一定的随机性，降低模型对训练集的拟合程度，从而提高泛化能力。

（2）交叉验证。将数据集分为训练集和验证集，通过交叉验证的方式选择最优的模型参数和结构，从而避免过拟合和欠拟合问题。

（3）迁移学习。利用预训练模型或已有数据集进行迁移学习，从而减少新数据集的需求量，提高模型的泛化能力。

5. 计算资源问题

图像识别通常需要大量的计算资源，包括中央处理器（central processing unit，CPU）、图形处理器（graphics processing unit，GPU）、内存等。对于小型企业或个人研究者，这些资源可能不易获得，限制了图像识别技术的应用和发展。解决方法如下：

（1）分布式训练。将模型训练任务分布到多个计算节点上，从而提高训练速度和效率。

（2）云计算平台。利用云计算平台的虚拟机或容器技术，租用计算资源进行图像识别。例如，AWS、Azure 等云计算服务商，提供了强大的 GPU 和 CPU 资源，可供用户使用。

（3）模型压缩和量化。对深度学习模型进行压缩和量化，降低模型参数和计算复杂度，从而减少计算资源的需求量。

6. 应用问题

（1）光照和遮挡问题。光照和遮挡是图像中出现的光线和物体遮挡等因素，影响了图像的质量和可见性，从而降低了图像识别的准确性和鲁棒性。解决方法如下：

1）数据增强和预处理。利用旋转、翻转、裁剪等技术对原始数据进行变换和扩充，增加训练集的多样性和数量，提高模型的泛化能力和鲁棒性。同时，对图像进行预处理，如去除噪声、平滑处理、直方图均衡化等，从而增强图像的可视性和识别效果。

2）多特征融合。将不同特征尺度和模态的特征进行融合，从而提高识别的准确性和鲁棒性。

（2）多语言和多样性问题。在跨国应用和多文化环境下，图像识别需要具备对不同语言和多样性的适应性和可扩展性。解决方法如下：

1）多语言支持。利用多语言数据集进行训练，并针对不同语言设计对应的特征和模型，从而实现对多语言的支持和识别。

2）迁移学习。利用预训练模型或已有数据集进行迁移学习，提高模型的泛化能力和适应性，从而适应不同语言和多样性。

3）跨域学习。利用领域相似性和迁移学习技术，将已有领域的知识和模型扩展到新的领域，从而实现跨域学习和识别。

图像识别是计算机视觉领域的重要研究方向，具有广泛的应用前景。然而，在实际应用中，图像识别任务面临着许多挑战和问题，如数据集大小和难度、特征表达和选择、模型训练和计算资源等问题。为了解决这些问题，我们可采用数据增强、迁移学习、特征融合、正则化、交叉验证、云计算等技术手段，从而提高图像识别的准确性、效率和应用范围。

（三）图像分析在电力数据挖掘中的应用场景

随着电力工业的不断发展和信息化进程的加速推进，电力数据挖掘技术在电力领域中的应用越来越广泛。其中，图像分析作为电力数据挖掘技术的重要组成部分，通过对电力设备、输电线路等图像数据进行分析和处理，可以实现电力故障诊断、设备健康评估、安全监测等目标。

本书将围绕图像分析在电力数据挖掘中的应用场景，介绍电力设备故障诊断、输电线路检测、电力设备智能检测等方面的研究进展和应用案例，并探讨未来电力图像分析技术的发展趋势和挑战。

1. 电力设备故障诊断

电力设备故障是导致电力供应中断、损失大量财产的重要原因之一。而电力设备故障诊断需要依靠专业技术人员进行现场判断和调试，以进行故障定位和排除。利用图像分析技术，可以实现对电力设备的自动化故障诊断和快速定位，从而提高故障处理效率和准确性。

（1）绝缘子故障诊断。绝缘子是电力输电线路中的重要组成部分，其质量状况直接影响电力设备运行的可靠性和安全性。利用图像分析技术，可以实现对绝缘子表面的缺陷、裂纹等问题的自动化检测和诊断。

例如，参考文献［32］提出了一种基于神经网络的绝缘子缺陷检测方法，该方法能在绝缘子表面拍摄的图像中自动检测缺陷区域，并实现分类和评估。该方法将图像处理和模式识别技术相结合，充分利用了神经网络的抽象表达能力和敏感度，实现了对不同缺陷类型的高效识别和定位。

（2）变压器故障诊断。变压器是电力输配电系统中的关键设备，其故障会导致电力系统停运和损失。利用图像分析技术，可实现对变压器铁芯、绕组、绝缘等部位的故障自动化诊断和定位，从而提高变压器的可靠性和运行效率。

例如，参考文献［33］提出了一种基于数字图像处理和神经网络的变压器故障诊断方法，该方法能够自动分析变压器绕组表面的缺陷、老化等问题，并对其进行分类和评估。该方法通过对不同表面特征的提取和量化，实现了对变压器故障的高效检测和定位。

2. 输电线路检测

输电线路是电力主干网的重要组成部分，其质量和安全直接影响电力供应的可靠性和稳定性。利用图像分析技术，可以实现对输电线路的自动化检测和监测，从而提高线路的安全性和可靠性。

（1）输电线路缺陷检测。输电线路在长时间运行中，容易受到自然环境、恶劣气候等因素的影响，导致线路出现断裂、腐蚀、松动等缺陷。利用图像分析技术，可以实现对输电线路表面的缺陷自动化检测和诊断。例如，某作者提出了一种基于深度学习的输电线路缺陷检测方法，该方法能够自动识别输电线路表面的缺陷区域，并进行分类和评估。该方法通过利用卷积神经网络的特征提取和分类能力，实现了对不同类型缺陷的高效检测和诊断。

（2）输电塔结构检测。输电塔是输电线路的支撑结构，其稳定性和健康状况直接影响输电线路的安全性和可靠性。利用图像分析技术，可以实现对输电塔的自动化监测和诊断，从而预防事故的发生。

例如，某作者提出了一种基于图像处理和机器学习的输电塔结构检测方法，该方法能够自动分析输电塔的结构形态和缺陷问题，并进行分类和评估。该方法结合了图像处理、特征提取和机器学习等技术，实现了对输电塔的高效检测和诊断。

3. 电力设备智能检测

利用图像分析技术，可实现电力设备的智能化检测和监测，从而提高设备运行的效率和安全性。例如，利用摄像头或红外相机等设备采集电力设备表面的图像数据，并通过图像分析算法自动判断设备的健康状况和运行状态。

（1）放电图像检测。放电是电力设备中常见的故障类型之一，会导致设备损坏和电力系统停运。利用图像分析技术，可以实现对放电产生的图像信号进行检测和识别，从而实现对设备的快速定位和处理。

例如，某学者提出了一种基于数字图像处理和神经网络的电力设备放电检测方法，该方法能够自动分析放电产生的图像信号，并进行分类和评估。该方法通过对不同放电特征的提取和量化，实现了对电力设备放电的高效检测和诊断。

（2）红外图像检测。红外成像技术是电力设备智能检测中常用的技术手段之一，可以实现对设备表面温度的非接触式监测和诊断。利用图像分析技术，可以自动化分析红外图像中的关键特征，并判断设备的健康状况和运行状态。

例如，某学者提出了一种基于红外图像处理和机器学习的电力设备温度异常检测方法，该方法能够自动分析红外图像中的温度分布情况，并进行分类和评估。该方法通过利用机器学习算法的分类和回归能力，实现了对电力设备温度异常的高效检测和诊断。

随着电力数据挖掘技术的不断发展和应用，图像分析技术在电力领域中的应用前景越来越广阔。未来，随着人工智能、大数据和云计算等技术的不断成熟和普及，电力图像分析技术将呈现以下几个发展趋势：

1）深度学习技术的应用将得到进一步加强。深度学习技术具有良好的特征提取和分类能力，可以实现对电力图像数据更加精细和准确的分析和处理。

2）多模态图像信息融合将得到进一步优化。多模态图像信息融合可以将不同传感器采集的图像数据进行融合，从而提高图像数据的质量和可靠性。

3）图像分析技术在电力设备运行状态评估中的应用将得到进一步拓展。通过对电力设备表面的图像数据进行分析，可实现对设备运行状态的实时监测和评估，从而提高设备的健康状况和运行效率。

4）移动端图像分析技术将得到进一步发展。通过将图像分析算法移植到移动设备上进行实时处理，可实现对电力设备的快速检测和诊断，从而提高应急处理的效率和准确性。

（四）常用图像识别方法在电力数据挖掘中的应用

1. 卷积神经网络

卷积神经网络是一种广泛应用于图像处理和识别领域的深度学习模型。CNN通过多层卷积和池化操作，实现对图像特征的提取和抽象，并利用全连接层实现对图像分类或回归。在电力图像识别中，卷积神经网络可以通过对电力设备表面图像进行训练和预测，实现对设备状态的监测、故障诊断和分类。

2. 随机森林

随机森林是一种常用于分类和回归问题的机器学习模型。在电力图像识别中，随机森林可以通过对电力设备表面图像进行特征提取和分类，实现对设备状态的监测和分类。

3. 支持向量机

支持向量机是一种常用于二分类问题的机器学习模型。在电力图像识别中，支持向量机可以通过对电力设备表面图像进行训练和预测，实现对设备状态的监测和分类。

4. 特征提取方法

特征提取方法是将原始图像转换为具有代表性的特征向量的过程。在电力图像识别中，常用的特征提取方法包括色彩直方图、灰度共生矩阵、方向梯度直方图等。这些方法可以有效地提取出电力设备表面图像中的纹理、形状、颜色等特征，为后续的模型训练和预测提供支持。

5. 图像分割方法

图像分割是将图像中不同的区域或物体分割出来的过程。在电力图像识别中，图像分割可以帮助我们更好地获取电力设备表面图像中的局部信息和细节，从而提高电力设备状态监测和故障诊断的精度和效率。常用的图像分割方法包括基于阈值、区域生长、边缘检测等。

（五）图像识别方法在电力数据挖掘中的实际应用案例

电力数据挖掘是对电力系统中的大量数据进行分析和挖掘，以发现其中潜在的规律、趋势和异常，从而为电力系统的运行与管理提供支持和决策依据。图像识别方法是电力数据挖掘中的一种常用技术，通过对电力系统中的图像数据进行处理和分析，可以实现多种应用目标。以下将介绍几个图像识别方法在电力数据挖掘中的实际应用案例。

1. 基于遥感图像的输电线路检测

输电线路是电力系统中最重要的基础设施之一，其状态直接关系整个系统的安全和稳定性。传统的输电线路巡检方式主要依靠人工巡视，成本高、效率低、安全风险大。因此，基于遥感技术的输电线路检测方法应运而生，该方法通过获取卫星或无人机拍摄的高清遥感图像，利用图像处理技术和深度学习算法，实现对输电线路的精准识别和病害检测，进而指导运维决策。例如，在中国南方某地区的输电线路检测中，利用无人机获取的高清图像进行输电线路的检测，识别出了多处病害，有效提高了检测效率和精度。

2. 基于红外图像的电力设备故障诊断

电力设备的运行状态是影响电力系统安全和稳定性的关键因素之一。红外相机可在不接触物体的情况下，获取物体表面的温度分布信息，从而对电力设备的运行状态进行监测和诊断。基于红外图像的电力设备故障诊断方法，通过对红外图像进行处理和分析，实现对电力设备的异常检测和故障诊断。例如，在某变电站中，利用红外相机获取相关设备的温度分布信息并进行图像处理后，成功识别出了多处存在潜在故障风险的设备，并及时采取了针对性的维护措施，保证了电力系统的正常运行。

3. 基于图像识别的用电信息采集

用电信息采集是电力系统运行管理中的重要环节，其准确性和实时性直接关系电力系统的经济性和安全性。传统的用电信息采集方式主要依靠手工抄读电能表数据，成本高、效率低、易出错。利用图像识别技术可以实现电能表读数的自动化采集，减少了人工干预和误差，提高了用电信息采集的精度和实时性。例如，在某地区的用电信息采集中，运用图像识别技术对电能表读数进行了自动化处理，有效提高了用电信息采集的效率和准确度。

4. 基于图像分析的负荷预测

负荷预测是电力系统运行管理中的重要环节，通过对负荷变化趋势的分析和预测，可以实现电力系统的优化调度和经济运行。基于图像分析的负荷预测方法，通过对电力系统中的图像数据进行分析，提取有关负荷变化的特征信息，并利用机器学习算法进行建模和预测。例如，在某电力系统中，利用高清摄像机拍摄道路交通情况的图像数据，通过图像处理技术和机器学习算法，成功实现对城市交通负荷的预测，为电力系统的负荷调度提供了参考依据。

5. 基于图像识别的电能表异常检测

电能表是电力系统中常见的计量设备之一，其准确性和稳定性直接关系电力系统的经济性和安全性。基于图像识别的电能表异常检测方法，通过对电能表拍摄的图像进行处理和分析，实现对电能表状态的精准判断和异常检测，从而指导运维决策。例如，在某电力系统中，利用高清摄像机拍摄电能表的图像数据，通过图像处理技术和深度学习算法，成功实现对电能表的异常检测和诊断，提高了电能表的使用效率和可靠性。

总之，图像识别方法在电力数据挖掘中具有广泛的应用前景，可帮助电力系统实现更加智能化、高效化、安全化的运行管理。随着人工智能技术的不断发展和完善，图像识别方法在电力数据挖掘中的应用将越来越广泛和深入。

八、描述统计

（一）描述统计的目标

描述统计是一种数据分析方法，旨在通过对样本数据的收集、整理、汇总、描述和分析，得出样本数据的特征和规律，从而推断总体数据的特征和规律。其目标主要包括以下几个方面：

1. 数据的收集

描述统计的第一个任务目标是对数据进行收集。数据的收集是通过各种途径获取有关研究对象的数据，并将这些数据按照一定的方式组织和存储起来。数据的来源可以是实验、调查、观察、记录等多种方式。

在数据收集过程中，需要注意数据的质量和可靠性。如果数据存在严重的误差或者缺失，会对后续的分析结果产生不良影响。因此，在数据收集前，需要对样本的选取、数据采集的方式和时机等进行仔细的规划和设计。

2. 数据的整理

描述统计的第二个任务目标是对数据进行整理。数据的整理是指将收集到的数据按照一定的分类标准进行归类、编码、清洗和转换，使其更加易于处理和分析。数据的整理过程能够帮助研究人员更好地了解数据的内部结构和特征，发现数据中存在的问题和异常情况，并有针对性地进行处理和纠正。

在数据整理过程中，需要注意数据的标准化和格式化。数据的标准化是指将不同单位或者表述方式的数据转换成统一的标准形式，使得它们可以进行比较和分析。数据的格式化则是指将数据按照规定的格式进行编码和存储，以便于后续的处理和分析。

3. 数据的汇总

描述统计的第三个任务目标是对数据进行汇总。数据的汇总是将经过整理后的数据按照一定的方式进行归纳、统计和概括，从而形成对样本数据总体特征和规律的认识。数据的汇总可以采用各种方式，如制表、图形化展示等。

在数据汇总过程中，需要注意数据的分类和划分。数据的分类可根据不同的属性、因素或者变量进行划分，以便于对数据的特征和规律进行深入分析。数据的划分也可采用多种方式，如时间序列、空间分布、群体比较等。

4. 数据的描述

描述统计的第四个任务目标是对数据进行描述。数据的描述是通过各种统计指标和方法，对数据的基本特征和规律进行总结和概括。数据的描述可从多个角度来进行，如中心趋势、离散程度、分布形态等。

在数据描述过程中，需要根据研究的目的和要求，选择合适的统计指标和方法。常用的统计指标包括均值、中位数、众数、标准差、方差、偏度、峰度等。这些指标能够反映数据的中心趋势、离散程度和分布形态等重要特征。

5. 数据的分析

描述统计的第五个任务目标是对数据进行分析。数据的分析是通过对数据的比较、相关性分析、回归分析等方法，发现数据之间的关系和规律，进一步推断总体数据的特征和规律。数据的分析可以采用多种方法，如单变量分析、双变量分析、多元统计分析等。

在数据分析过程中，需要注意对数据的可靠性和有效性进行评估。通过对数据的分布情况、异常值、缺失值等方面的检查和处理，可保证数据的质量和可靠性。同时，需要根据研究的目的和问题，选取合适的分析方法和技术，以获得准确、可靠的结果。

6. 数据的解释

描述统计的最后一个任务目标是对数据进行解释。数据的解释是对数据的分析结果进行解读和说明，明确结果的意义和价值，并指导决策和实践。数据的解释需要根据研究问题和目的，将分析结果与现实情况相结合，进行科学、合理的解释和推断。

在数据解释过程中，需要注意对结果的信度和判断的客观性。通过对结果进行交叉验证、模型评估等方式，可以提高结果的信度和稳定性。同时，需要充分考虑研究对象的特点和环境因素等方面的影响，避免过度解释或者误解。

总之，描述统计是一种重要的数据分析方法，其任务目标包括数据的收集、整理、汇总、描述、分析和解释。通过对样本数据的深入分析和研究，可为我们了解总体数据的特征和规律提供有力支持和依据，并为决策和实践提供科学、合理的指导。随着数据科学和人工智能技术的不断发展和进步，描述统计方法在各个领域中的应用将愈加广泛和深入。

（二）描述统计常见问题

描述统计是一种常用的数据分析方法，但在实际应用中会面临一些常见问题。了解和解决这些问题，可以提高描述统计的准确性和效率，为决策和实践提供更加可靠的支持和依据。以下是描述统计常见问题的一些解析：

1. 样本选择偏差

样本选择偏差是对样本进行选取时存在的偏向性，导致得到的样本数据并不能真正代表总体数据的特征和规律。样本选择偏差可能来自多种因素，如研究者的主观意识、调查手段的局限性、样本容量的大小等。

针对样本选择偏差，可以采取以下措施：首先，需要明确研究目的和问题，制订科学合理的样本选取方案，并遵守相关的数据伦理规范；其次，可以采用随机抽样和分层抽样等方法，尽可能地消除样本选择偏差；最后，在数据分析过程中要充分考虑样本的代表性和可靠性，避免过度解释或误解。

2. 数据质量问题

数据质量问题指数据本身存在的错误、缺失、异常等情况，影响数据分析的准确性和有效性。数据质量问题可能来自数据来源、采集方式、记录方式等多方面的原因。

为了解决数据质量问题，可以采取以下措施：首先，需要对数据进行仔细的检查和清洗，发现并处理存在的错误、缺失、异常等情况；其次，可以采用多种方法对数据进行比较、交叉验证、模型评估等，提高数据分析结果的可靠性和稳定性；最后，在数据分析过程中要充分考虑数据质量问题的影响，避免过度依赖或忽视数据质量问题。

3. 统计指标选择问题

统计指标选择是描述统计分析的一个重要环节，但在实际应用中常常会存在指标选择不当、不全面等问题，导致结果的偏差和局限性。

为了解决统计指标选择问题，可以采取以下措施：首先，需要明确研究目的和问题，确定合适的统计指标和方法；其次，可以根据数据的特征和样本的属性，选择适当的统计指标和方法；最后，在数据分析过程中要充分考虑不同指标之间的联系和影响，避免过度依赖或简单粗暴。

4. 统计方法选择问题

在描述统计分析中，不同的统计方法适用范围和优劣性不同，但在实际应用中常常会存在统计方法选择不当、过度简化等问题，导致结果的偏差和误解。

为了解决统计方法选择问题，可采取以下措施：首先，需要明确研究目的和问题，确定合适的统计方法和技术；其次，可以根据数据的特征和样本的属性，选择适当的统计方法和技术；最后，在数据分析过程中要充分考虑各种统计方法的限制和优缺点，避免过度依赖或误解统计结果。

5. 数据可视化呈现问题

数据可视化呈现是描述统计分析的一个重要环节，但在实际应用中常常会存在呈现不当、存在误导性等问题，导致结果的偏差和误解。

为了解决数据可视化呈现问题，可采取以下措施：首先，需要根据研究目的和问题，选择合适的数据可视化方式和图表类型，避免过度简化或者过度复杂；其次，在设计和制作图表时，需注意呈现信息的准确性和清晰性，并避免使用不恰当的颜色或造成视觉干扰；最后，在数据分析过程中要充分考虑数据可视化呈现的影响和局限，避免误导性的呈现方式和结果解读。

6. 数据处理方法问题

在描述统计分析中，对数据进行处理是一个非常重要的步骤，但在实际应用中常常会存在处理方法选择不当、过度简化等问题，导致结果的偏差和误解。

为了解决数据处理方法问题，可采取以下措施：首先，需要明确研究目的和问题，确定合适的数据处理方法和技术；其次，可以根据数据的特征和样本的属性，选择适当的数据处理方法和技术；最后，在数据分析过程中要充分考虑各种数据处理方法的限制和优缺点，避免过度依赖和误解数据处理结果。

7. 结果解释问题

在描述统计分析中，对结果的解释是一个非常关键的步骤，但在实际应用中常常会存在解释不当、过度概括等问题，导致结果的偏差和误解。

为了解决结果解释问题，可以采取以下措施：首先，需要充分考虑研究目的和问题，以及样本的特征和属性，进行科学合理的结果解释；其次，在解释结果时，需要说明各种可能的解释方式及可能的误差来源，并避免过度概括或夸大结果的重要性；最后，在结果解释过程中要充分考虑相关知识背景和现实情境，避免脱离实际或误导决策。

总之，描述统计在实际应用中会面临一系列问题，包括样本选择偏差、数据质量问题、统计指标选择问题、统计方法选择问题、数据可视化呈现问题、数据处理方法问题和结果解释问题等。针对这些问题，我们可以采取相应的措施，提高描述统计的准确性和效率，为决策和实践提供更加可靠的支持和依据。

（三）描述统计在电力数据挖掘中的应用场景

电力行业是一个数据密集型的行业，涉及大量的数据收集、处理和分析。描述统计方法可应用于电力数据挖掘的多个场景，包括电量预测、负荷预测、电网运行监测等。以下将对这些应用场景进行详细介绍。

1. 电量预测

电量预测指根据历史数据和现有条件，预测未来某段时间内的电量需求情况。电量预测在电力行业具有重要意义，可以帮助电力企业制订合理的发电计划和购电计划，以满足用户的用电需求，并实现经济效益最大化。

描述统计方法在电量预测中的应用主要有以下几个方面：

（1）单变量分析。单变量分析指对一个变量进行分析，如对历史电量数据进行抽样、汇总和描述分析，得到电量的分布情况、趋势等信息。通过单变量分析，可了解电量数据的基本特征，为后续的预测模型选择和建立提供参考。

（2）双变量分析。双变量分析指对两个变量之间的关系进行分析，如电量与气温、湿度等环境因素的关系。通过双变量分析，可了解电量与环境因素之间的相关性和影响程度，为建立预测模型提供依据。

（3）时间序列分析。时间序列分析指对某一变量在时间上的变化规律进行分析，如对历史电量数据进行季节性分解、平稳性检验等。通过时间序列分析，可以了解电量在时间上的趋势和周期性变化规律，为建立预测模型提供依据。

（4）回归分析。回归分析指通过对多个变量之间的关系进行建模，并拟合出一个数学模型，以预测未来电量的需求情况。回归分析常用的方法包括线性回归、多元回归等。通过回归分析，可以选取合适的自变量和因变量，建立准确可靠的预测模型。

2. 负荷预测

负荷预测指根据历史数据和当前条件，预测未来某段时间内的负荷情况。负荷预测在电力行业中也具有重要意义，可帮助电力企业优化电力调度和资源配置，最大限度地发挥电网的运行效益。

描述统计方法在负荷预测中的应用主要有以下几个方面：

（1）单变量分析。单变量分析可对历史负荷数据进行抽样、汇总和描述分析，得到负荷的分布情况、趋势等信息。通过单变量分析，可了解负荷数据的基本特征，为后续的预测模型选择和建立提供参考。

（2）双变量分析。双变量分析指对两个变量之间的关系进行分析，如负荷与气温、湿度等环境因素的关系。通过双变量分析，可了解负荷与环境因素之间的相关性和影响程度，为建立预测模型提供依据。

（3）时间序列分析。时间序列分析可对某一变量在时间上的变化规律进行分析，如对历史负荷数据进行季节性分解、平稳性检验等。通过时间序列分析，可了解负荷在时间上的趋势和周期性变化规律，为建立预测模型提供依据。

（4）回归分析。回归分析指通过对多个变量之间的关系进行建模，并拟合出一个数学模型，以预测未来负荷的需求情况。回归分析常用的方法包括线性回归、多元回归等。通过回归分析，可选取合适的自变量和因变量，建立准确可靠的预测模型。

3. 电网运行监测

电网运行监测指通过对电力设备的实时监测和数据采集，实现对电网运行状态和故障情况的实时监控和预警。电网运行监测在电力行业中具有重要意义，可帮助电力企业及时发现并处理潜在的故障和隐患，保障电网的安全稳定运行。

描述统计方法在电网运行监测中的应用主要有以下几个方面：

（1）统计图表分析。通过制作各种统计图表，如散点图、折线图、柱状图等，对电网设备的运行状态和参数进行分析和比较。通过统计图表分析，可快速了解设备的运行情况和变化趋势，及时发现异常和问题。

（2）频率分析。频率分析指对电网运行数据中的频率进行分析，如对电压、电流、功率因数等频率变化进行分析。通过频率分析，可了解电网设备的频率变化规律，判断电网设备是否出现问题或存在隐患，并采取相应的措施处理。

（3）峰值分析。峰值分析指对电网运行数据中的峰值进行分析，如对电压、电流、功率等峰值进行分析。通过峰值分析，可了解电网设备在高负荷和突发情况下的承载能力和稳定性，预测电网设备的寿命和维修周期等信息。

（4）故障诊断分析。故障诊断分析指通过对电网运行数据的监测和分析，实现对设备故障和隐患的诊断和处理。通过故障诊断分析，可及时发现并排除设备故障，提高电网设备的可靠性和运行效率。

总之，描述统计方法在电力数据挖掘中有着广泛的应用场景，包括电量预测、负荷预测、电网运行监测等方面。通过合理和科学地运用描述统计方法，可为电力企业提供有力的决策支持和实践指导，推动电力产业的高质量发展。

（四）描述统计方法在电力数据挖掘中的实际应用案例

电力数据挖掘是应用于电力行业的一种数据分析技术，目的是从大量的电力数据中提取有价值的信息，并为电力企业的决策提供支持。其中，描述统计方法是电力数据挖掘中最常用的一种方法之一，可用于电量预测、负荷预测、电网运行监测等多个方面。以下将结合实际应用案例介绍描述统计方法在电力数据挖掘中的应用。

1. 电量预测

电量预测是电力数据挖掘领域中最为常见的应用之一。通过对历史电量数据进行分析，可把握未来电量需求情况，有利于电力企业制订合理的发电计划和购电计划，以满足用户的用电需求。

（1）建立时间序列模型预测电量。时间序列分析是预测电量的常用方法之一。例如，某电力公司希望预测未来一年内每月的用电量（万千瓦时），该公司收集了过去 10 年内每月的用电量数据，以及与用电量相关的其他环境因素的数据。基于这些数据，该公司可采用 ARIMA 模型进行时间序列分析，并预测未来一年的用电量。ARIMA 模型是一种经典的时间序列预测模型，通过对历史数据的趋势性、季节性和自相关性进行分析，可得到未来用电量的预测结果。

（2）建立回归模型预测电量。回归分析是另一种常用的预测电量的方法。例如，某电力公司希望预测未来一年内每月的用电量，该公司收集了过去 10 年内每月的用电量数据及与用电量相关的其他因素（如气温、降雨量、工业产值等）的数据。基于这些数据，该公司可采用多元线性回归模型进行回归分析，并预测未来一年的用电量。多元线性回归模型考虑多个自变量（如气温、降雨量、工业产值等）对因变量（用电量）的影响，通过拟合这些变量之间的关系，可预测未来用电量的需求情况。

2. 负荷预测

负荷预测是预测电力系统中未来负荷需求的一种方法。在电力系统中，准确地预测负荷需求非常重要，它可帮助电力企业制订最优的发电计划和购电计划，以及进行电力调度和资源配置。

（1）建立基于时间序列的负荷预测模型。时间序列分析是负荷预测的一种常用方法。例如，某电力公司希望预测未来一周内每天的负荷需求（兆瓦），该公司可利用过去 7 天内的负荷数据进行时间序列分析，并预测未来一周的负荷需求。通过对历史负荷数据的季节性分解、平稳性检验等分析，可确定适当的时间序列模型，并进行负荷预测。

（2）建立基于回归的负荷预测模型。回归分析也是负荷预测的一种常用方法。例如，某电力公司希望预测未来一周内每天的负荷需求（兆瓦），该公司收集了过去 7 天内每天的负荷数据及与负荷相关的其他因素（如气温、降雨量、工业产值等）的数据。基于这些数据，该公司可采用多元线性回归模型进行回归分析，并预测未来一周的负荷需求。多元线性回归模型考虑多个自变量（如气温、降雨量、工业产值等）对因变量（负荷需求）的影响，通过拟合这些变量之间的关系，可预测未来的负荷需求情况。

3. 电网运行监测

电网运行监测是保障电力系统稳定运行的重要手段之一。通过对电网运行状态的监测和分析，可及时发现异常情况并采取相应措施，进而避免电力系统的故障和事故。

（1）对电网运行数据进行统计分析。对电网运行数据进行统计分析是电网运行监测的一种常用方法。例如，某电力公司收集了过去一年内电网运行状态的相关数据，包括电压、电流、功率、频率等指标。通过对这些指标的均值、方差、标准差等统计量进行分析，可评估电网运行的稳定性和可靠性，并及时发现潜在的问题和风险。

（2）建立异常检测模型。异常检测是电网运行监测的另一种重要方法。例如，某电力公司希望及时发现电网运行状态的异常情况，该公司可采用异常检测模型进行实时监测和分析。异常检测模型可通过对历史数据进行训练，建立异常检测模型，并对实时数据进行预测和判断，从而发现潜在的异常情况。常用的异常检测算法包括箱线图、Z-score 模型、孤立森林等。

4. 健康诊断与预测

电力设备的健康状况直接关系电力系统的稳定运行和可靠性。通过对电力设备的健康状况进行诊断和预测，可及时发现设备的故障和缺陷，采取相应措施，保障电力系统的安全和稳定运行。

（1）建立基于统计分析的设备健康评估模型。设备健康评估是电力设备健康诊断的一种常用方法。例如，某电力公司希望对某台变压器进行健康评估，该公司收集了该变压器过去一年内的运行数据，包括温度、湿度、负载、电流等指标。通过对这些数据进行统计分析，可得到变压器的平均值、方差、标准差等统计量，并据此评估变压器的健康状况。如果发现健康状况不佳，则需要及时进行维护和保养，以避免设备故障和事故的发生。

（2）建立基于机器学习的设备健康预测模型。机器学习技术也可以用于电力设备健康预测。例如，某电力公司希望对某台变压器的未来健康状况进行预测，该公司可采用机器学习算法训练一个健康预测模型。该模型可利用历史数据进行训练，学习变压器健康状态与其运行指标之间的关系，并预测未来的健康状况。常用的机器学习算法包括支持向量机、决策树、随机森林等。

5. 能源消费分析

能源消费分析是电力数据挖掘中的另一个重要应用领域。通过对能源消费数据的分析和挖掘，可评估能源利用效率，并制定相应的节能措施和政策。

（1）建立基于时间序列的能源消费预测模型。时间序列分析是能源消费预测的一种常用方法。例如，某地区希望预测未来一年的能源消费（如煤炭、天然气、油品等），该地区可利用过去几年内的能源消费数据进行时间序列分析，并预测未来一年的能源消费情况。通过对历史数据的季节性分解、平稳性检验等分析，可确定适当的时间序列模型，并进行能源消费预测。

（2）建立基于回归的能源消费预测模型。回归分析也是能源消费预测的一种常用方法。例如，某地区希望预测未来一年的能源消费，该地区收集了过去几年内的能源消费数据及与能源消费相关的其他因素（如人口、工业产值等）的数据。基于这些数据，该地区可采用多元线性回归模型进行回归分析，并预测未来一年的能源消费。多元线性回归模型考虑多个自变量（如人口、工业产值等）对因变量（能源消费）的影响，通过拟合这些变量之间的关系，可预测未来能源消费的趋势和需求情况。

6. 电力市场分析

电力市场分析是电力数据挖掘中的另一个重要应用领域。通过对电力市场的分析和研究，可评估市场供需关系、价格变化趋势和竞争情况，为电力企业制定最优的市场策略提供支持。

（1）基于时间序列的电力市场预测模型。时间序列分析也可用于电力市场预测。例如，某电力企业希望预测未来一年内市场电价的走势，该企业可利用过去几年内的市场电价数据进行时间序列分析，并预测未来一年内的市场电价。通过对历史数据的季节性分解、平稳性检验等分析，可确定适当的时间序列模型，并进行电力市场预测。

（2）基于回归的电力市场预测模型。回归分析也可以用于电力市场预测。例如，某电力企业希望预测未来一年内市场电价的走势，该企业收集了过去几年内市场电价以及与市场电价相关的其他因素（如燃料成本、市场需求等）的数据。基于这些数据，该企业可采用多元线性回归模型进行回归分析，并预测未来一年内的市场电价。

（3）建立电力市场竞争分析模型。电力市场竞争分析是电力市场分析的另一个重要方面。例如，某电力企业希望评估该企业在市场上的竞争优势和劣势，该企业可采用竞争分析模型进行分析。竞争分析模型可利用历史数据和市场情报进行建模，评估市场上各个竞争对手的实力和策略，并据此制定相应的市场策略。

7. 智能电网分析

智能电网是新一代电力系统的发展趋势，其核心是信息技术与电力系统的深度融合。通过对智能电网的数据进行挖掘和分析，可以实现电力系统的高效、安全和可靠运行。

（1）基于数据挖掘的电力设备故障预测模型。数据挖掘技术可用于电力设备的故障预测。例如，某智能电网系统希望对某台开关设备的未来故障情况进行预测，该系统可采用数据挖掘算法进行分析。通过对历史数据进行训练，建立故障预测模型，并根据实时数据进行预测和判断，可及时发现潜在的设备故障。

（2）建立电力系统状态评估模型。电力系统状态评估是智能电网分析的一个重要方面。例如，某智能电网系统希望对整个电力系统的运行状态进行评估，该系统可采用电力系统状态评估模型进行分析，该评估模型可利用实时数据和模拟计算进行建模，评估电力系统当前的运行状态，并给出相应的控制建议。

综上所述，描述统计方法在电力数据挖掘中具有广泛的应用，包括负荷预测、电网运行监测、健康诊断与预测、能源消费分析、电力市场分析和智能电网分析等领域。通过对电力数据的统计分析、机器学习和数据挖掘等技术的应用，可实现电力系统的高效、安全和可靠运行，提高能源利用效率，为电力企业制定最优的市场策略提供支持。未来，随着科技的不断发展，电力数据挖掘技术将会得到更加广泛的应用，并且这些应用也将会为电力行业的可持续发展做出更大的贡献。

第四节　数据安全

一、数据安全的意义和作用

从国际大环境来看，数据开放与共享机制已经形成，并对全球产生了巨大的社会和经济效益。国家高度重视数据的开放共享，2020年，中共中央、国务院在《关于构建更加完善的要素市场化配置体制机制的意见》中将数据纳入除土地、劳动力、资本、技术以外的第五大生产要素，提出加快培育数据要素市场，要求推进政府数据开放共享、提升社会数据资源价值、加强数据资源整合和安全保护。浙江出台《浙江省数字经济促进条例》首次将数字经济领域的相关基础性概念上升为法律概念，聚焦数字基础设施、数据资源两大支撑和数字产业化、产业数字化、治理数字化三大重点，突出制造业数字化转型，做好数据资源开发利用保护和技术创新。

电力大数据对国家、企业、个人具有重要的作用，并且具有很高的研究价值，数据安全是发展大数据的前提，必须将它摆在重要的位置。我们在使用和挖掘数据的同时，也容易出现大数据引发的个人隐私安全、企业信息乃至国家安全问题。企业在获得大数据时代信息价值增益的同时，也在不断地积累风险，数据安全方面的挑战日益增大，无论是从防范黑客对数据的恶意攻击，还是从对内部数据的安全管控角度，都需要对数据安全进行有效管理。

二、规范数据使用范围

数据安全标准主要用于规范数据资产的管理、应用、共享、开放等环节合法、合规，并确保数据始终得到有效保护。通用安全包括数据分类分级、监控审计、鉴别与访问、风险和需求分析、安全事件响应、隐私保护等；全生命周期数据安全对采集、传输、存储、使用、共享、交换、销毁/退役等全生命周期各环节的数据安全进行规范。

（一）健全数据安全管理规范

在制度规范体系方面，建立健全数据分类分级、安全审查、风险评估、监测预警、应急演练、安全审计、封存销毁等制度。在技术防护体系方面，按照分类分级保护要求，建立健全数据安全防护技术标准和规范，采取身份认证、访问控制、数据加密等技术措施，提高数据安全保障能力。在运行管理体系方面，落实数据安全主体责任，建立数据安全常态化运行管理机制，强化对服务外包方式开展数据活动的安全管理，有效防范数据非法获取、篡改、泄露或者不当利用，保护个人信息、商业秘密、保密商务信息等。

（二）建立数据分级共享机制

遵循国家电网公司数据资产目录标准，构建各专业数据资产目录，实现公司级和专业级数据资产目录的贯通与信息一致，包含但不限于目录体系信息、数据基础信息、数据负面清单等。坚持"以共享为原则、不共享为例外"，以数据资产目录为基础进行营销专业数据分级，形成数据资产共享负面清单，识别重点数据保护对象，参考国家电网公司公共数据模型（SG-CIM）按域进行数据分类。

根据国家电网公司保密工作要求、数据资产管理要求及营销专业数据安全管理要求，营销专业数据可划分为数据资产共享负面清单（Ⅰ级）和数据资产共享非负面清单（Ⅱ级）。数据资产共享负面清单（Ⅰ级）包括敏感数据、涉密数据、其他共享负面数据；数据资产共享非负面清单（Ⅱ级）：除数据资产共享负面清单（Ⅰ级）外的营销专业数据。

敏感数据主要包含自然人、法人和非法人组织用户的个人信息或商业机密。涉密数据按照国家电网公司密级范围划定，包含核心商业秘密、一般商业秘密和工作秘密。其中，核心商业秘密，是秘密泄露后会使公司利益遭受特别严重损失的事项；普通商业秘密，是秘密泄露后会使公司利益遭受较大损失的事项；工作秘密，是秘密泄露后会影响公司正常经营管理秩序，给公司造成被动和损害的事项和信息。其他共享负面数据覆盖原始数据，包含人员、设备等业务明细数据和重点统计数据。不同等级数据组合应用时，按最高等级执行管理策略。

（三）规范数据内部应用流程

数据专业内部应用指各级营销部门对营销数据的应用，包括数据查询、数据导出、数据脱敏白名单申请、数据导出白名单申请等。

在确保数据安全的前提下能通过页面提供的数据应通过页面提供。需要通过离线方式获取的，应确保申请审批流程的及时性，提高基层人员的工作效率。数据专业内部查询、导出涉及的敏感信息应按《国家电网公司营销专业客户敏感信息脱敏规范》（营销综〔2017〕65号）进行脱敏处理。特定岗位在特定场景下需要频繁获取不脱敏信息才能开展业务的，可提交脱敏白名单申请，经数据主管部门主任审批通过后落实规则配置。在线数据无法满足业务开展需求确需导出数据的，根据《国家电网公司营销专业网络与信息安全管理工作细则》（营销综〔2018〕19号）及业务实际执行差异化数据导出策略，数据导出管理范围应覆盖前端页面数据导出（在业务流程中导出、在通用数据主题查询中导出）及后台执行等所有数据脱离信息系统环境的方式。前端页面数据导出（在业务流程中导出）通过岗位及角色权限进行管控。应在所导出数据的明显位置标示数据使用期限、警示标语和销毁措施，建立针对敏感数据的查询、导出、导出白名单等使用情况应进行相应的预警监控。数据导出的直接安全责任人为数据导出申请人，导出的数据专项专用，使用后须进行数据销毁，未履行数据内部共享和对外开放流程的，严禁对外提供。

（四）明确数据对外开放要求

数据对外开放是指面向政府、企事业单位、用电客户、社会公众等提供电力数据或产品服务的行为，包括直接提供原始数据、提供基于原始数据加工形成的数据产品和分析服务。各级单位应积极以数据产品和分析服务方式发挥电力数据对外服务价值，避免原始数据的对外开放。

开展数据对外开放应坚持分级统筹、专业把关，按照"一类一策"原则。根据需求对象及数据用途将数据开放需求分为政府监管类、公益服务类、商务增值类、公共开放类4个类别，采取差异化的数据对外开放策略，除政府监管类及公共开放类按照法律、行政法规规定确需提供数据资产共享负面清单（Ⅰ级）数据的，其余原则上不对外提供数据资产共享负面清单（Ⅰ级）数据。

对外开放数据依据公司统一的数据开放流程在线申请，由公司各有关业务部门根据数据开放目的、开放内容、开放方式、保密合规性等提出审核意见；公司数字化部根据数据的提供方式、技术支撑等进行归口管理审核。涉密数据需由法律部进行合规性审核，核心商业秘密和一般商业秘密应通过保密办的保密审核，工作秘密应通过公司保密审核；需求承接方根据审核意见，与需求提出方签订数据保密协议，明确数据服务的使用要求、权限及范围等，保证数据使用安全合规。敏感数据需要在获得用户授权后按照授权范围对外提供，或提供合乎规范的申请对外提供敏感数据申请的佐证。

第五节　数据治理

一、数据治理的概念

党的十九届四中全会首次将数据增列为生产要素，中共中央、国务院印发的《关于构建更加完善的要素市场化配置体制机制的意见》中明确要求加快培育数据要素市场，全面提升数据要素价值。"十四五"时期是我国工业经济向数字经济迈进的关键时期，大数据产业发展将步入集成创新、快速发展、深度应用、结构优化的新阶段，以数字化转型驱动生产生活方式和治理模式变革成为新时期的重要任务。

数据治理是释放数据要素价值的基础和前提，是数据要素资源优质供给的核心保障。近年来，提升数据治理能力成为政府和企业关注的重点，数据治理通过多样化的手段激活与释放数据要素价值，成为从数据资源到生产要素的重要一环。

数据治理的发展由来已久，伴随着大数据技术和数字经济的不断发展，政府和企业拥有的数据资产规模持续扩大，数据治理得到了各方越来越多的关注，被赋予了更多的使命和内涵，并取得了长足发展。本书中对于数据治理的定义采用 GB/T 35295—2017《信息技术大数据术语》中的概念，将数据治理定义为对数据进行处置、格式化和规范化的过程。认为数据治理是数据和数据系统管理的基本要素，数据治理涉及数据全生命周期管理，无论数据是处于静态、动态、未完成状态，还是交易状态。

二、数据治理的意义

在信息时代日益激烈的竞争环境中，信息化帮助企业运用现代信息技术实现企业经营战略，行为规划和业务流程，从而提高企业的核心竞争力。过去的十年间，国家电网公司陆续建设了配电自动化主站系统、供电服务指挥系统、OPEN3000 能量管理系统、能源互联网营销服务系统等各类信息化系统，这些系统的应用也带来了公司内数据量的高速膨胀。

虽然不同的信息系统在企业生产经营中发挥着积极的作用，但不同系统间数据不一致、数据冗余、数据实效等问题与日俱增，这些海量的、分散在不同系统的数据导致了数据资源利用的复杂性和管理的高难度，数据整合的挑战日益严峻，低质量的数据资产已成为数字化与业务深度融合过程中的关键制约。

这种现象的出现，一方面，归结于数据系统规划的不完善，没能在数据系统规划的初期对信息化体系、信息资源体系进行统一设计，不同业务条线都经历了数据系统从无到有，不断扩展和升级的过程，从而形成了一个又一个数据孤岛。各部门在开发或引进各种应用系统时都是单一追求各自功能的实现，没有从全局视角进行业务数据流分析和相互协调，没有制定和遵循统一的标准和规范，各个部门都按"自产自用"的模式管理数据资源，在这混乱的数据环境中，很难实现数据的有效共享和快捷流通。

另一方面，数据问题来源于对信息化内容的误区，业务人员错误地认为信息系统开发是单纯的技术工作，应由开发人员完成，基本不需要业务人员的参与。实际上，数字化的工作是在两类人员的密切合作下推进的，缺少业务人员的参与，或业务人员与开发人员沟通不畅，都会造成信息系统开发效率低、质量差等问题，最终影响数据资产质量。

如何对数据进行治理已经成为困扰企业管理者的一个巨大挑战。数据资产的质量问题已经提升到企业的核心战略层面，成为一项复杂而艰巨的系统工程。数据的应用与数据质量是相辅相成、相互推动的关系，对数据资产进行治理，是提升数据管理与应用水平的关键举措。着眼于长期、有效的数据治理，建立行之有效的数据治理体系，是挖掘数据潜力、发挥数据资产价值的重要保障。

三、数据治理工作现状

目前，电力企业面临着多个系统分散维护营销和配电数据的挑战。这些系统由不同的信息化公司开发，导致生产和营销部分的信息孤立，这使得电力配电数据来源不同、处理工作量大、操作流程复杂、数据不规范。

在营销方面，缺乏信息化和可视化技术的支持，导致营销和配电业务之间的协同效率低下。这影响了客户服务响应速度，内部资源调度变得复杂，从而影响了电力企业提供高质量服务的能力。

图模维护分散在多个系统中，各个系统的模型不一致。不同方式和路径的图模同步问题导致 PMS 内图模异动消息触发异常，缺乏处理流程和事后校验机制。生产和调度图模数据无法实时共享，影响了数据流转的顺畅性，对新功能开发造成了阻碍。

电网资源和用户基本数据对于电网管理、停电限电区域分析、供电能力展示、线损精益化管理至关重要。因此，有必要建立专业分工、流程优化和协同服务机制，通过整合营销、配电和调度数据，实现数据同源维护，从而更有效地支持自动报装、停电分析、线损计算、供电可靠性分析和调度安全管理等综合业务应用，提高工作效率和客户服务水平。

四、数据治理工作机制

国家电网公司在 2023 年数字化工作要点中指出，要加快推进数字电网建设，数字电网顶层设计全面完成，数字基础设施持续夯实，覆盖设备资产、客户服务、电力能量流的基础数据底座基本建成，动态"电网一张图"初步构建，数据主人制全面落地，数据质量显著提升，数字化架构和基础数据管理刚性增强，企业级建设统筹机制持续完善，全面完成年度目标任务，全年不发生重大网络安全与信息运行事件，有力支撑新型电力系统建设和公司高质量发展。

（一）完善数据治理体系

协调解决跨专业问题，实施基础数据全生命周期刚性管理。开展数据定源定责，确保"数据一个源"。坚持"谁产生、谁负责"的原则，全面推行数据主人制，发布责任清单和工作标准，确定数据主人职责和内容，落实数据质量治理责任机制。完善公司统一数据模型，深化主数据建设，构建模型和主数据应用管控体系，推动刚性应用落地。

在公司整体层面，针对数字化牵引专项工作，成立数字化专项工作领导小组和专班，强化组织领导和明确分工，形成各部门协调一致、整体推进的工作格局；成立数据运维中心，负责数据治理工作，通过数据收集、图形审核、数据应用管理、数据需求沟通等工作，做到全环节的闭环管控。

在基层班组层面，推进构建数字化供电所，细化属地的网格化运营模式，通过增加驻点的数据组成员，打造多支数字化团队，充分发挥基层的创新能力，为数据应用探索更多的应用场景。

（二）全面推广数据主人制

建立数据主人制工作体系，实施数据全生命周期管理，深化数据定源定责，加强数据分类分级管理。

一是持续推进数据主人制落地。按照"管业务必须管数据，管数据就是管业务"的原则，建立覆盖各专业、各层级、各类数据的数据主人制。

二是不断完善数据治理机制。按照"一数一源""谁产生，谁治理"的原则，推动基础数据梳理，完善数据维护管理制度，优化设备异动增量数据流程。

三是深化开展数据共享共用。积极探索构建电网设备、客户服务等领域数据业务一张图，布局碳监测、虚拟电厂等新兴业务，加强分布式光伏平衡预测、配网工程数字化移交等场景建设，充分发挥数据生产要素价值。

（三）深化企业中台和源网荷储应用

在深化企业中台应用方面，明确以电网资源业务中台为核心推进数据仓库建设。按照"增量百分百正确、存量地毯式清理、先高压后低压"的总方针，逐步建立起标准统一、管理统一、全员共享的全量数据。增量结合工程实际，通过同源维护套件绘制图模。存量以变电站为单位，由供电所自发倒查图模数据问题并治疗。针对尖山典型示范场景，已维护完成 12 个标准环的线路、设备数据，并创新性地维护了 55 个中压光伏站点。

在深化源网荷储互动应用方面，在以面向智能分布配电网的源网荷储协调互动应用中，深化三层（台区、线路、站域）三态（经济、故障、缺口）"分层智治、全域统筹"的系统功能，结合调用线路台账和公用/专用变压器、光伏、储能等实时数据，实现十大业务场景的智能化调用。目前，已开发潮流计算、拓扑溯源、主动保电等 17 项深化应用，使调度、工区、供电所等各级单位在遇到配网故障、无功倒送、主变压器过载、供电缺口等不同的情况下，都能高效、及时地处理，满足应用实用化的要求。

第三章　电力大数据应用案例

第一节　安全生产领域

一、基于人工智能的电力通信光缆运维提升

（一）问题的提出与分析

社会发展、居民生活离不开光缆的即时通信，大、云、物、移、智、链离不开光缆的数据连接。然而，随着我国通信行业的繁荣发展，通信光缆线路问题也日益频发，由于光缆受外力破坏对通信光缆造成了极大的经济损失的情况也时有发生。对于电网来说也是如此，智能电网的通信，离不开电力通信光缆的牵线搭桥，电力通信光缆的运维也存在两大主要痛点。

一是光缆外破居高不下。光缆频繁遭到市政施工等外力破坏，据统计，2020—2023年，仅某市城区范围内光缆就遭遇外力破坏故障次数为116次，其中市政施工导致的破坏故障占60%。

二是电网通信业务恢复时间较长。光缆故障具有时间、空间上的随机性和突发性，光缆故障抢修流程包括传输网管告警发现—通信调度研判光缆故障—通信检修人员驱车前往变电站—通信抢修人员用光时域反射仪（OTDR）测试定位—光缆抢修人员现场定位—光缆抢修人员光缆熔接。由于故障定位精度低、需要大范围内摸排，导致电网通信业务恢复时间较长，据统计，电网通信业务平均恢复时间约5.25小时。

为了有效应对上述两大痛点问题，可以利用光缆信息、光缆所在地域环境信息、光缆周边环境振动信号等多维数据，实现光缆外破可预警、光缆业务可转移两大功能，可以有效应对上述两大痛点问题。光缆外破预警是根据监测到的振动信号进行智能预判，当识别出挖掘机、打桩机等引起的施工振动时，即对施工点精准定位，派人巡视，加强干预，降低光缆阻断率。光缆业务转移是将深度强化学习技术应用于光路智能选路领域，根据评价体系数据，学习和改善系统决策行为，获得最优策略，规划出最佳迂回路

径，从而在光缆中断事件发生后，系统能够智能选择迂回路径，提供决策支撑。

（二）数据概况

光缆信息、光缆所在地域环境信息、光缆周边环境振动信号等数据，具体内容、数据来源及其采集要求见表 3-1。

表 3-1　　　　　　　　　　　　　　　　数据信息

数据种类	数据来源	采集频率	日均数据量（采样点）	数据总量
光缆信息	TMS 系统、光缆态势感知系统	分钟级	千级	GB
光缆所在地域环境信息	光缆态势感知系统	天	1	MB
光缆周边环境振动信号	φ-OTDR	秒级	万级	GB

（1）光缆信息数据，包括光缆地理信息、光缆沟道信息情况、光缆类型、光缆纤芯数、光缆长度。

（2）光缆所在地域环境信息数据，主要是市政施工计划。

上述两类数据主要从通信管理系统（telecommunications management system, TMS）、光缆态势感知系统平台提取。

（3）光缆周边环境振动信号（如挖掘机、打桩机等施工振动信号、周边噪声信号）。此类数据的获取是利用相位敏感光时域反射仪（phase-sensitive optical time domain reflectometry, φ-OTDR[34]）技术，采用千赫兹级别的窄线宽激光器作为光源，通过向传感光纤注入探测光脉冲，并检测传感光纤中由此产生的瑞利背向散射（rayleigh back scattering, RBS）信号来感知光纤所受到的外部扰动。

检测到的信号公式为：

$$e(t) = \sum_{i=1}^{N} \alpha_i \exp\left(-\alpha \frac{c\tau_i}{n_f}\right) \exp\{j2\pi\nu(t-\tau_i)\} \mathrm{rect}\left(\frac{t-\tau_i}{W_{\mathrm{pulse}}}\right) \tag{3-1}$$

式中：α_i 和 τ_i 分别表示 z_i 处散射点的幅度和延时；α 表示光纤的衰减系数；τ_i 为传播延时；c 表示光在真空中的传播速度；n_f 表示光纤中的折射率。

（三）研究方案

1. OMLSA＋IMCRA 单通道降噪算法[35]

本项目将采集到的光缆周边环境振动信号通过最优改进对数谱幅度估计（open-source machine learning from small area, OMLSA）与最小值控制递归平均（improved minima controlled recursive averaging, IMCRA）单通道音频降噪算法屏蔽了信号噪声的影响。其中，OMLSA 采用了噪声估计方法，通过做先验无声概率及先验信噪比（signal to noise ratio, SNR）的估计来进一步得到有声条件概率，进而计算出噪声有效增益，实现了噪声估计。IMCRA 则是通过先验无声概率估计和先验信噪比 SNR 估计来计算得到条件有声概率，进而获取噪声估计。

2. 短时傅里叶变换

短时傅里叶变换（short-time fourier transform，STFT）是针对时变、非平稳信号的一种联合时频分析方法。能将一维的故障振动信号变换成适应于深层卷积神经网络处理的二维矩阵：一种包含时域和频域信息的特征谱。STFT 的基本思想是采用固定长度的窗函数对时域信号进行截取，并对截取得到的信号进行傅里叶变换，得到时刻 t 附近很小时间段上的局部频谱。通过窗函数在整个时间轴上的平移，最终变换得到每一时间段上局部频谱的集合，因此，STFT 是关于时间和频率的二维函数。基本运算公式为：

$$\text{STFT}_f(t,\omega) = \int_{-\infty}^{\infty} f(t)g(t-\tau)e^{-j\omega t}\,\mathrm{d}t \tag{3-2}$$

式中：$f(t)$ 为时域信号；$g(t-\tau)$ 为中心位于 τ 时刻的时间窗口。

由此可以看出，STFT 就是将信号的 $f(t)$ 乘以窗函数 $g(t-\tau)$ 的傅里叶变换。

通过短时傅里叶变换，将振动信号转变为频域信号，作为输入信号用于下一步的深层卷积神经网络的特征提取。

3. 光纤通信网络拓扑模型数据化

从光缆态势感知系统中导出光缆的网络拓扑，将其可以简化为一个图数据模型，其可以用 $G(T，E)$ 表示，其中 $T=\{t_1，t_2，\cdots，t_n\}$ 表示网络拓扑中路由器的集合，$E=\{e_{12}，e_{13}，\cdots，e_{ij}，\cdots，e_{(n-1)n}\}$ 表示路由器之间的链路的集合，其中，i 表示光缆的起始路由器编号，j 表示光缆的到达路由器编号。

每一条链路具备光缆类型、同沟道情况、光缆长度、外扩风险值、光纤芯数五个属性。

（1）光缆类型。将电力通信业务中使用的光缆类型定义为集合 $V=\{v_1，v_2，v_3\}$。

其中，$v_1=\text{OPGW}$、$v_2=\text{ADSS}$、$v_3=$普缆，根据光缆类型不同，其对应的通信安全性 c_{si} 也不同，分别对不同类型的光缆的安全性进行定量赋值，得到典型光缆类型通信安全性如表 3-2 所示。

表 3-2　　　　　　　　　　　　典型光缆类型通信安全性

序号	光缆类型 v_i	通信安全性（c_{si}）
1	OPGW	0.97
2	ADSS	0.85
3	普缆	0.7

（2）同沟道情况。根据光缆所在沟道的情况，可以将其定义为集合 $B=\{b_1，b_2\}$，其

中，b_1＝同沟道光缆、b_2＝不同沟道光缆，其对应的评价系数定义为集合 $M=\{m_1，m_2\}$，得到同沟道情况评价系数如表 3-3 所示。

表 3-3　　　　　　　　　　　同沟道情况评价系数

序号	同沟道情况	评价系数（m_i）
1	同沟道光缆	100
2	不同沟道光缆	1

（3）光缆长度。光缆的长度定义为集合 $L=\{l_{12}，l_{13}，\cdots，l_{ij}，\cdots，l_{(n-1)n}\}$，其中，$i$ 表示光缆的起始路由器编号、j 表示光缆的到达路由器编号。如路由器 1 和路由器 10 之间的光缆为 e_{110}，其对应的光缆长度为 l_{110}。

（4）外扩风险值。根据光缆所在的地域施工状况及地理信息环境等外部数据影响，系统中对每一条光缆定义了外扩风险值，记为集合 $P=\{p_{12}，p_{13}，\cdots，p_{ij}，\cdots，p_{(n-1)n}\}$，其中，$i$ 表示光缆的起始路由器编号、j 表示光缆的到达路由器编号。外扩风险值会随着外部环境的改变，系统实时更新数据，外扩风险值越大，表示该段光缆越容易发生外扩。外扩风险值系数见表 3-4，在我们的算法中，要综合考虑表 3-4 中的三项外部环境变量，计算出该光缆线路的外扩风险值（0～1）。

表 3-4　　　　　　　　　　　外扩风险值系数

序号	施工区域数量（个）	通信安全性（c_{si}）	光缆外破振动预警数（一周内次数）	通信安全性（c_{si}）
1	0	1	0～1	1
2	1	0.8	1～2	0.8
3	2	0.6	2～3	0.6
4	3	0.4	3～4	0.4
5	4	0.2	4～5	0.2
6	5 个及以上	0	5 个及以上	0

不同光缆所包含的光纤芯数记为集合 $N=\{n_{12}，n_{13}，\cdots，n_{ij}，\cdots，n_{(n-1)n}\}$。

其中，i 表示光缆的起始路由器编号、j 表示光缆的到达路由器编号。

（四）应用成效

1. 光缆故障预警

2021 年 1 月 2 日 14：50，某电力公司至禾城变 48 芯管道光缆在中山路与禾兴路交叉口附近发出震动预警，通信调度立刻派运维人员前往现场进行风险告知。图 3-1 为挖掘机施工震动预警图。

图 3-1　挖掘机施工震动预警图

2. 光缆业务转移

2021年3月18日9：20，通信网管告警，某电力公司至500千伏A变电站思科基础网、某电力公司至B变电站爱立信光传输网等32条业务中断。几乎同一时间，系统智能选路功能启动，系统自动给出32条业务的最佳迂回方案。在通信调度确认后一键完成光路路由切换，电网通信业务快速恢复。

二、基于 FEM-DT 模型的电缆终端负荷优化

（一）问题的提出与分析

利用红外热成像技术对高压电力电缆进行带电检测，及时发现并判别电缆终端发热情况，为检修决策提供依据，减少非计划停电。目前，高压电力电缆检修存在以下两大主要痛点。

一是线路负荷波动性大与局部放电测量精度要求高的矛盾。运行状态下，电缆线路负荷会不断波动，而不同负荷下终端的局部放电测量结果往往存在差异，难以对其放电情况及绝缘状态进行准确判断，导致终端绝缘故障频发。

二是系统可靠运行与生产任务紧迫的矛盾。电缆终端出现非危急缺陷时，缺乏有效依据来优化用户生产能耗，减轻电缆终端运行压力，无法在不影响生产任务、保证电力系统可靠性的前提下，合理安排检修计划。

针对以上痛点，利用终端有限元模型（finite element method，FEM）[36]，分析不同负荷下终端局部放电及热稳态时的温度分布特征，在此基础上构建数字孪生模型（digital twin，DT），以二维断面数据生成多维连续模型，对不同负荷下缺陷处温度进行仿真计算，分析缺陷处温度与终端局部放电行为之间的关系，通过数据拟合将电缆终端气隙缺陷处温度与环境温度、负荷电流的关系转换为数学模型，实现电缆终端电-热协同分析。将该模型应用到运行工况不佳但无法临时停电检修的终端负荷优化中，可指导大用户生产计划安排和供电公司制订检修计划。

（二）数据概况

在电缆运维技术方面，我国电缆大规模入地已经接近 20 年，已逐步进入"老龄化"，可能面临集中爆发的风险。从某供电公司 2020—2022 年 110 千伏交联聚乙烯电缆故障数据来看，电缆本体故障约占 17%，终端和中间接头故障约占 58%，外力破坏约占 25%。截至目前，110 千伏电缆终端共 1997 套，35 千伏电缆终端共 450 套。其中，高负载终端约占 30%，投运年限超 10 年的共 357 套。电缆终端运行过程中，缺陷和故障类型大约有接头处接触不良、局部放电、绝缘受潮、接地不良等四类，出现异常情况多表现为红外测温时相对温差较大。

通过构建终端 FEM 模型模拟运行状态下负荷与温度之间的关系，利用日常红外测温数据进行参数调校，得到不同负荷下终端缺陷及热稳态时的温度分布特征。以终端气隙缺陷为例，不同负荷及温度下气隙缺陷处温度如表 3-5 所示。

表 3-5 　　　　　　　不同负荷及环境温度下气隙缺陷处温度　　　　　　　单位:℃

环境温度	气隙缺陷处温度					
	0A	100A	200A	300A	400A	500A
4	4	6.34	13.35	19.43	25.45	32.57
6	6	8.34	15.34	21.42	27.44	34.55
8	8	10.33	17.34	23.44	29.41	36.54
10	10	12.33	19.32	25.3	31.42	38.52
13	13	15.32	22.33	28.45	34.43	41.55
16	16	18.33	25.32	30.63	37.45	44.53
18	18	20.32	27.31	32.43	39.51	46.55
20	20	22.31	29.35	34.42	41.43	48.55
22	22	24.33	31.32	36.44	43.44	50.54
24	24	26.31	33.33	38.51	45.45	55.53
26	26	28.32	35.34	40.34	47.42	57.56
34	34	36.32	43.32	48.42	55.43	65.52
36	36	38.33	45.35	50.43	57.41	67.54

在此基础上，构建 DT 模型，以二维断面数据生成多维连续曲线，基于数据扩充原理，采用历史数据扩充方法，结合近 3 年气象信息，对不同环境温度、不同负荷下缺陷处温度进行大量扩充，从而分析缺陷处温度与终端局部放电行为之间的关系。

（三）研究方案

1. 基于 FEM-DT 模拟数据的电—热协同分析

（1）FEM-DT 模型介绍。FEM 是一种近似数值方法，用来解决力学、数学中的带有特定边界条件的偏微分方程问题。其思路是，总结构离散化—单元力学分析—单元组装—总结构分析—施加边界条件—得到结构总反应—单元内部反应分析。通过变分方法，使得误差函数达到最小值并产生稳定解，不仅计算精度高，而且能适应各种复杂形状，是行之有效的工程分析手段。

DT 是充分利用物理模型、传感器更新、运行历史等数据，集成多学科、多物理量、多尺度、多概率的仿真过程，在虚拟空间中完成映射，从而反映相对应的实体装备的全周期过程。DT 可被视为一个或多个重要的、彼此依赖的装备系统的数字映射系统，利用 DT 从每个已知数据的相似域中，随机抽取 1 项组合在一起，可得到一个扩充出的模拟数据。

FEM-DT 模型首先利用 FEM 模型分析独立终端运行特性，得到初始条件样本，利用 DT 模型进行数据扩充，最终形成可利用的数据库。

（2）FEM-DT 在电—热协同分析中的应用。选定拟合关系表达形式，通过现场实测数据求出拟合参数，进行电缆终端电—热协同分析。根据 FEM-DT 模拟数据生成拟合关系式及修正参数，即可得到电缆终端气隙缺陷处温度与环境温度、负荷电流的显性数学关系。电缆终端气隙缺陷处温度拟合流程如图 3-2 所示。

以某供电线路 A 相终端出现气隙故障为例，缺陷处拟合关系公式为：

$$T_{i,t}^{\mathrm{def}} = a + bT_t^{\mathrm{env}} + cI_{i,t}^{\mathrm{load}} \tag{3-3}$$

式中：$T_{i,t}^{\mathrm{def}}$ 为 t 时刻电缆终端 i 气隙缺陷处的温度；T_t^{env} 为 t 时刻环境温度；$I_{i,t}^{\mathrm{load}}$ 为 t 时刻电缆终端 i 流过的负荷电流；a、b、c 为拟合参数。

环境温度为 20℃时，缺陷处温度随负荷电流变化拟合关系如图 3-3 所示。图 3-4 中，ε 为任意给定常数。

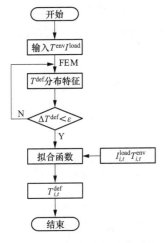

图 3-2　电缆终端气隙缺陷处温度拟合流程

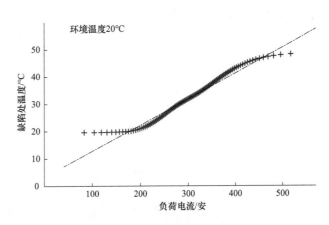

图 3-3　环境温度为 20℃时缺陷处温度随负荷电流变化拟合关系

电缆终端气隙缺陷处温度在不同负荷及环境温度下存在显著差异，负荷及环境温度的波动将影响终端气隙缺陷处温度。通过模型分析，可安排更适于终端的局部放电测量的时机，提高测量精度。

2. CPLEX 求解负荷优化模型

(1) CPLEX 介绍。数字优化技术（CPLEX）是国际商用机器公司（International Business Machine，IBM）开发的一个优化工具引擎，可用来求解线性规划、二次线性规划、整数规划等问题。针对不同类型的数学规划问题，采用单点形（simplex）、内点法及两种方法综合的（hybrid）方法。若规划问题是离散线性型的，CPLEX 的基本框架是分枝定界法（branch and bound）和动态搜索和（dynamic serch）。

(2) 优化模型求解。以最小检修成本为优化目标，包括购电成本、切负荷成本、带故障运行风险成本，以优先满足用户生产供电、气隙缺陷温度、负荷电流为约束，环境温度为已知条件，建立优化模型公式为：

$$F = \min \sum_{i=1}^{n} \sum_{t=1}^{24} (\alpha P_{i,t}^{\text{load}} + \beta P_{i,t}^{\text{cut}} + \delta P_{i,t}^{\text{deft}}) \tag{3-4}$$

s. t.

$$\begin{cases} (P^{\text{load}}, P^{\text{cut}}, P^{\text{def}}) = f(I^{\text{load}}, I^{\text{cut}}, T^{\text{def}}) \\ \sum_{i=1}^{n} \sum_{t=1}^{24} (I_{i,t}^{\text{load}} + I_{i,t}^{\text{cut}}) = I^{\text{need}} \\ 0 \leqslant T_{i,t}^{\text{def}} \leqslant T_{\max}^{\text{def}} \end{cases} \tag{3-5}$$

上述模型中的 $T_{i,t}^{\text{def}}$ 为随机变量，模型属于带机会约束的随机优化模型，将其转化为确定性模型是解决随机规划问题的常用方法。处理后的模型为混合整数二次规划模型，可用商业软件 CPLEX 对其进行求解。以气隙缺陷和搭接处接触不良为例，不同负荷下生产计划优化结果如图 3-4 所示。

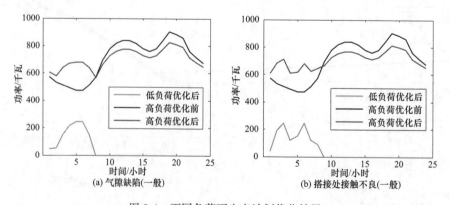

图 3-4　不同负荷下生产计划优化结果

通过求解以上式（3-3）～式(3-5)模型，可得出生产周期（24小时）内，在允许的气隙缺陷处温度条件下，各时段用户可用负荷电流最高能达到多少，以此来指导大用户生产计划安排，优化线路负荷。由图3-5可知，在用户用电需求大时，可在夜间温度较低时增加生产出力，减少白天温度较高时用电需求，缓解终端运行压力，保障运行稳定。更进一步地，若优化结果中能够出现切负荷成本较低或带故障运行风险成本较高的时段，如图3-5中用户用电需求小时，负荷优化后8:00～24:00可作为检修时段。

（四）应用成效

1. 检测高效准确，减少停电检修时长

利用电缆终端电—热协同分析制订的局部放电测量计划，较传统带电检测而言，准确度提高了33%，使电缆终端运行更趋于可测、可控、可靠。结合线路负荷优化模块，为大用户提供应急条件下的用电优化建议，在可靠性区间内减轻非危急故障电缆头运行压力，预计全年可减少停电检修时长156.6小时。

2. 降低运维人员操作难度

通过产品化开发，将算法集成在电缆终端电—热协同分析模块和线路负荷优化模块内，将难以直观展示的隐性数据转换为可直接观测判断的显性数据，降低了运维人员操作难度。兼顾了用户生产需求和电力系统运行可靠性，特别是对含投运年限较久、运行工况不佳的电缆终端的线路，推广后可进一步缓解运行压力。

3. 优化营商环境

减少非计划停电时长，进一步优化营商环境。为大用户提供优化用电方案，减轻应急状态下电缆终端运行压力，减少非计划停电时长，保障高能耗关键性产业平稳生产。提高材料服役预期，服务"碳达峰、碳中和"。采用优化方法后预计电缆终端群平均寿命可延长3年，夏季最高温电缆的终端温度可降低2.7℃，预计较未优化时减少碳排放8%。

三、基于负荷分析的配电网利用效率提升研究思考

（一）问题的提出与分析

随着新能源的大量接入，因新能源负荷不均衡而造成配网设备利用率不平衡问题越来越严重。为提升电网能源资源配置能力，实现各种能源互联互通互济、源网荷储优化协调，大幅提高电网运行效率，亟须开展基于负荷数据驱动的配电网利用效率提升研究课题。同时，考虑负荷耦合特性、源网荷储协调互动的因素，研究提高配电网设备利用率的规划方法及规划方案，提高配电网运行的安全性、可靠性和经济性。

某供电公司通过配电网现状的分析，开展基于站、线、变三层级负荷特性的聚类研

究，考虑负荷曲线的耦合特性，结合源、储配置，规划设计配电网设备利用率的提升方案。研究覆盖区域23座变电站、近400条线路、10000多台配电变压器，实现各种能源互联互通互济、源网荷储优化协调，大幅提高电网运行效率，科学合理提升变电站的供电能力。同时，设计的配电网设备利用率提升方案能有效延缓新建配电网设备的投运年限，节省电网基建投资约2500万元。通过此项数据分析研究，能有效构建海量资源被唤醒、源网荷储全交互、安全效率双提升的多元融合高弹性电网，践行碳达峰、碳中和新发展理念。

（二）数据概况

1. 区域主变压器负载率现状分析

某供电公司110千伏主变压器共计40台，变电容量2020兆伏安，其中7台主变最大负载率已达到80%以上，其中A变电站1、2号主变压器最大负载率已分别达到84.38%、87.66%；B变电站最大负荷已达到107.3兆瓦，C变电站最大负载率为71.53%。可以看出，110千伏个别变电站主变压器负荷较重，主变所带负荷有待优化如图3-5所示。

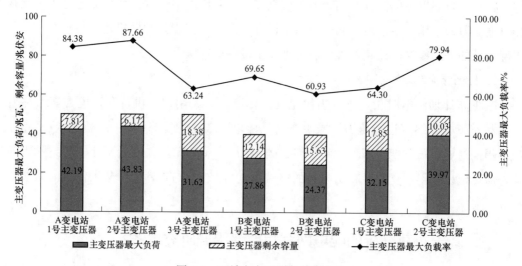

图 3-5　区域主变压器负载率现状

2. 变电站间隔利用率现状分析

10千伏间隔共计521个，已使用448个，剩余73个，间隔利用率为85.99%。

3. 线路利用效率现状分析

10千伏线路共计366条，线路最大负载率平均值为45.8%。其中，重过载线路31回，主要集中在大云分区的经济开发区和干窑分区的杨庙工业区。

4. 配电变压器利用效率现状分析

公用变压器共计 5741 台，容量 2616.37 兆伏安，配电变压器最大负载率平均值为 35.77%，公用变压器整体裕度较大。重过载配电变压器 75 台，占比 1.31%；轻载配电变压器 1613 台，占比 28.10%，轻载电变压器占比较高。

（三）研究方案

1. 线路负荷特性的利用效率提升方案

L1 线共计 58 台主变压器，其中公用变压器有 19 台，专用变压器有 39 台，L1 线调整前后负荷特性曲线如图 3-6 所示；L2 线共计 69 台，其中公用变压器有 54 台，专用变压器有 15 台，L2 线调整前后负荷特性曲线如图 3-7 所示。考虑负荷特性的耦合特性，对线路间配电变压器调整，共计调整配电变压器 14 个，配电变压器调整明细如表 3-6 所示，配电变压器可用率提升对比表如表 3-7 所示。

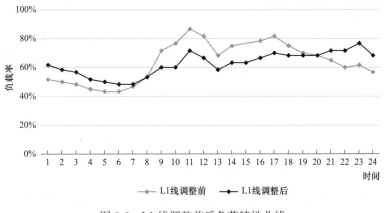

图 3-6　L1 线调整前后负荷特性曲线

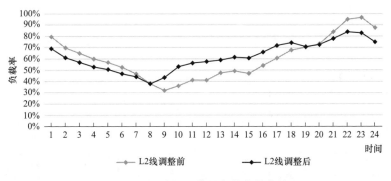

图 3-7　L2 线调整前后负荷特性曲线

表 3-6　　　　　　　　　　　　　　　配电变压器调整明细

用户	调前	调后
××木业有限公司	L1 线	L2 线
××服装有限公司	L1 线	L2 线
××木业有限公司	L1 线	L2 线
××塑料制品厂	L1 线	L2 线
××紧固件有限公司	L1 线	L2 线
××电子有限公司	L1 线	L2 线
××医疗器械有限公司	L1 线	L2 线
××电机有限公司	L1 线	L2 线
××小区 9 号台区	L2 线	L1 线
××小区 10 号台区	L2 线	L1 线
××小区 3 号台区	L2 线	L1 线
××小区 16 号台区	L2 线	L1 线
××小区 17 号台区	L2 线	L1 线
××小区 18 号台区	L2 线	L1 线

表 3-7　　　　　　　　　　　　　配电变压器可用率提升对比表

线路名称	调整前可用率（%）	调整后可用率（%）	变化（%）
L1 线	17.26	25.28	8.02
L2 线	10.92	20.13	9.21

2. 变电站负荷耦合特性的利用效率提升方案

A 变电站共计 3 台主变压器，10 千伏公用线路 44 条，经过线路配电变压器调整后主变压器负荷特性如图 3-8 所示。

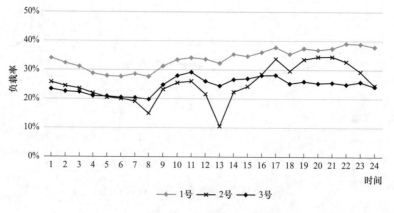

图 3-8　A 变电站主变压器负荷特性曲线

考虑负荷特性的耦合特性，对 A 变电站线路间隔调整，共计调整 10 千伏间隔 4 个，A 变电站间隔调整方案表见表 3-8。

表 3-8　　　　　　　　　　　A 变电站间隔调整方案表

变电站	线路名称	调整前所属主变压器	调整后所属主变压器	线路名称
A 变电站	丽宇 J816 线	1 号	3 号	赛晶 J838 线
A 变电站	惠泾 J829 线	1 号	3 号	英达 J822 线
A 变电站	英达 J822 线	3 号	1 号	惠泾 J829 线
A 变电站	赛晶 J838 线	3 号	1 号	丽宇 J816 线

间隔调整前，1、3 号主变压器负载率分别为 78.29％、58.49％；间隔调整后 1、3 号主变压器负载率分别为 69.36％、66.11％。A 变电站间隔调负载变化表见表 3-9。A 变电站间隔调整 1、3 号主变压器负荷特性变化如图 3-9、图 3-10 所示。

表 3-9　　　　　　　　　　　A 变电站间隔调负载变化表

主变压器名	负荷（兆瓦）	调整前可用率（％）	负荷（兆瓦）	调整后可用率（％）
1 号	39.14	1.71	34.68	10.64
3 号	29.24	21.51	33.05	13.89

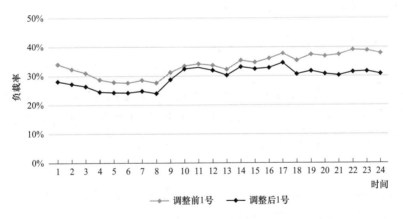

图 3-9　A 变电站间隔调整 1 号主变压器负荷特性变化

（四）应用成效

1. 主变压器负载可用率提升

通过间隔调整及合并方案，某县全域重载主变压器中有 6 台可有效提升可用率，可用率平均提升 6.8％，重载问题得到解决；11 条轻载线路可进行合并，收回 11 个变电站间隔，提升间隔可用率 2.11％。方案延缓新建配电网设备的投运年限，等效延缓 3 座 110 千伏变电站的新布点建设，节省电网基建投资约 1.5 亿元。

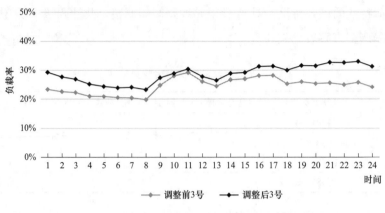

图 3-10　A 变电站间隔调整 3 号主变压器负荷特性变化

2. 线路可用效率提升

通过配电变压器优化调整方案，共 22 组（49 回）线路可以通过配电变压器调整以优化线路负荷特性曲线，线路可用率平均提升 7.7%，可解决 17 回重载线路问题。方案延缓新建配电网设备的投运年限，等效延缓 17 条配电线路的建设，按平均线路长度 7 千米，平均每千米造价 60 万元来计算，节省电网基建投资约 7000 万元。

四、基于网络分析的配电网多维应急抢修体系

（一）问题的提出与分析

目前，我国所有电力企业已经按照上级部门的要求制定了应急预案，预案编制主要根据国家应急管理的相关规定编制，各电力企业（两大电网公司、五大发电集团及其他电力企业）应急预案按照国家相关要求进行，内容涵盖电力自然灾害、事故灾难、公共卫生事件、社会安全事件四个方面的内容，分为综合应急预案、专项应急预案及现场应急处置三个层次。

某电力公司按照上级部门的要求，从实际情况出发，以网格为分析单位，通过分析历史抢修数据，抢修数据内包括工作地点（单线图）、抢修时间、停电高压户数、投入人员、投入资金等信息，对网格的重要度、抢修人数及抢修资金进行综合量化评估分析，辅助指导有限抢修资源的高效配置，优化应急抢修体系，提升抢修投资效率，从而实现将社会影响降至最低，优化营商环境，彰显企业形象。

（二）数据概况

相关数据包括：单线图数据、单线图所属网格信息数据、配电变压器所属网格及配电变压器电量信息数据、用户停电信息数据、配电网抢修数据。

（1）单线图数据。此类数据来源于配电网自动化 OPEN5200 系统，数据类型为 xml 文

件，数据预处理采用 xml 解析技术下的树解析技术，共有 157 张单线图。

（2）单线图所属网格信息数据。此类数据来源于设备（资产）运维精益管理系统 PMS2.0，数据类型为 Excel 文件。数据包括线路名称、变电站、系统中所属网格 3 个字段，共 662 条。

（3）配电变压器所属网格及配电变压器电量信息数据。此类数据来源于用户采集系统、设备（资产）运维精益管理系统 PMS2.0，数据类型为 Excel 文件，数据涉及的维度包括所属单位、所属县局、所属区域、配电变压器名称、配电变压器户号、2022 年 12 个月的电量、是否是公用变压器，一共 9636 列 16 行。

（4）用户停电信息数据。数据来源于云平台上停电用户信息表，根据配电变压器的户号进行筛选，数据类型为数据库文件，数据涉及的维度包括户号、停电次数，一共 2 列 1795 行。

（5）配电网抢修数据。数据来源于线下收集整理，数据类型为 Excel 文件，数据涉及的维度有故障的原因、抢修起始时间、抢修结束时间、工作地点、所属网格、抢修人数、抢修车辆、投入物资、恢复送电时长、停电高压户数、停电时户数、备注、投入资金，一共 12 列 56 行。

（三）研究方案

1. 基于复杂网络技术的拓扑分析

（1）算法说明。

1）提取网络拓扑结构。配电网网架信息存储于单线图文件中，为 svg 格式的标准 xml 文件，故采用 xml 解析技术下的元素树（elementtree）解析技术[37]，遍历文件中的 xml 标签，获取连接关系。svg 文件中涉及需要分析的元素如表 3-10 所示。

表 3-10　　　　　　　　　svg 文件中的涉及需要分析的元素

序号	标签名	解释
1	Substation_Layer	存储变电站信息
2	ACLineSegment_Layer	存储主线路信息
3	PoleCode_Layer	存储杆塔信息
4	PowerTransformer_Layer	存储台区信息
5	Breaker_Layer	存储开关信息
6	Fuse_Layer	存储跌落式熔断器信息
7	Junction_Layer	存储变电站内负荷信息

2）量化网络拓扑结构。配电网节点链接关系复杂，体系庞大，涉及区域广。目前，在电力网络领域中，常用的量化设备节点关键度方法中多数考虑了设备节点的连接情况及节点在网络中的位置，并未考虑配电网网络中变电站下的负荷进行转供的特性，即变

电站下的负荷作为源节点，配电网的设备节点作为需求节点。本书采用网络塌陷最速算法，对配电网网络设备节点，进行量化评估。计算公式为：

$$KVAP = \frac{1}{N_g D_d} \sum_{i \in N_g, j \in N_d} \frac{1}{d_{ij}} \tag{3-6}$$

式中：$KVAP$ 为网络连通效率；N_g 为源节点个数；N_d 为设备节点个数；d_{ij} 为网络中两个节点 i、j 的最短路径上的变数。

$$V_{KVAP} = \frac{KVAP_{norm} - KVAP_{vanish}}{KVAP_{norm}} \tag{3-7}$$

式中：V_{KVAP} 为节点的关键度值；$KVAP_{norm}$ 为常态下的网络连通效率；$KVAP_{vanish}$ 网络中某一设备节点失效后的网络效率。

$$KVAG = \frac{\sum_i^G V_i}{len(G)} \tag{3-8}$$

式中：$KVAG$ 为整个网络的数值化值；G 为途中设备几点集合的集合；i 为 G 中的网络节点；V_i 为节点 i 的关键度值；$len(G)$ 为 G 中的节点数目。

部分单线图计算结果见表 3-11。

表 3-11   部分单线图计算结果

线路名称	计算结果
文华 F488 线单线图.sln	0.014231
繁里 F409 线单线图.sln	0.023976
宣前 F407 线单线图.sln	0.047043
繁荣 F683 线单线图.sln	0.035121
三兰 D589 线单线图.sln	0.172676
九村 520 线单线图.sln	0.033684
联大 F350 线单线图.sln	0.189744
马南 857 线单线图.sln	0.019417
莘民 524 线单线图.sln	0.03874
周北 526 线单线图.sln	0.013618
马屿 F321 线单线图.sln	0.012594
石洋 F879 线单线图.sln	0.011201

（2）应用方向。随着社会对电能的依赖越高，要求供电可靠性更高。如今，电网越来越复杂，接入设备类型和数量越来越多，电网形态发生变化，电网安全运行压力加大，而新的多维精益化管理要求电网企业更科学地统筹配电网基建、技改、大修、检修运维等需求，提高投资收益科学优化网架结构。

上述算法充分结合电网网络特性对配电网进行量化评估，对已有配电网网络新增站点建设时，结合地理信息、设备状态、负荷状态等因素，以最终目标网架数值化结果进行辅助决策，网架数值化结果越小说明网络拓扑越健壮、抗灾能力越好，灾后的抢修难度越小，数值化结果越大，说明网络拓扑越脆弱、抗灾能力越差，灾后的抢修难度越大，将为电网企业安排技改、大修、日常运维等成本性支出项目提供依据。

2. 基于信息论的主成分分析技术分析

（1）算法说明。将配电网网格涉及的单线图的数值化结果进行累加，得出网格的数值化结果，在集合网格内台区数量，专用变压器数量，公用变压器数量，历史停电信息，以及半年内的电量，最终形成分析配电网网格的数据集。

本书采用主成分分析技术将上述信息转换为一维数据，最终得出配电网网格排名。主成分分析又称主分量分析，旨在利用降维的思想，把多指标转化为少数几个综合指标，通过线性变化，把数据变换到一个新的坐标系统中，转换后的结果能保留住数据的最重要方面。

其中，由于数据变量的量纲不同，采用了 Z-score 标准化技术将涉及的变量进行标准化，最后在采用主成分分析技术进行降至 1 维，最终得出每个网格的信息化结果，按信息化结果的大小进行排名分析，最终得出网格的排名结果。其中，排名越靠前，代表越重要。部分网格排名结果见表 3-12。

表 3-12　　　　　　　　　　　　部分网格排名结果

网格名字	值	排名
某分区潘岱用电网格	3.977285	1
某分区曹村用电网格	3.399016	2
某分区仙降用电网格	3.18025	3
某分区罗凤用电网格	2.221019	4
某分区南滨用电网格	1.405709	5
某分区湖岭用电网格	0.920892	6
某分区莘民用电网格	0.591154	7
某分区塘北供电网格	0.254814	8

（2）应用方向。配电网络错综复杂、体系庞大、范围广阔，又直接影响用户对电网企业的感知体验，导致日常巡检维护压力大增，通过小节模型的应用，能充分发挥供电服务指挥中心的信息枢纽作用，聚焦优质服务提升与配电网高效运营，故障管理从验收到服务全方位穿透，实现供电服务指挥体系全过程监管。

某电力公司尝试以数据驱动引领设备运行监督管控，结合调度、营销、运检等相关业务数据进行综合分析，从配电网网络复杂情况、客户投诉情况、历史停电次数等方面出发，实现对配电网网格排名分析，对日常巡检任务进行辅助决策，供电服务指挥中心根据主成分分析所得的配电网网格排名情况，对于排名靠前的网格需要加强巡视，从而优化巡检配置资源、提高供电可靠性、提升客户服务水平，进而促进公司管理升级、服务升级，让电网运行更安全、规划更科学、服务更优质、客户体验更满意、管理更精益。

3. 基于 LightGBM 算法及 GridSearchCV 的抢修物资预测

（1）算法说明。

1）LightGBM 算法[38]。LightGBM 模型为微软 2017 年开源的一个基于树学习的梯度提升框架，支持高效率的并行训练，它的优势包括更快的训练效率、低内存使用、更好的准确率、支持并行和 GPU 并且可处理大规模数据。

本书通过收集历史抢修数据，结合单线图的数值化结果，最终形成由工作地点数值化结果（抢修工作涉及的单线图的数值化结果）、天气信息、抢修时间段及停电高压户数作为变量，将抢修人数及抢修资金作为因变量的数据集，基于 LightGBM 算法和网格搜索分别对抢修人数及抢修资金建立预测模型。其中，天气因素采用 one-hot 编码技术进行量化处理。

其中，LightGBM 中需调节的参数有：n_estimators、max_depth、num_leaves、bagging_fraction、feature_fraction、min_child_samples、reg_alpha、reg_lambda 等，这里采用网络搜索技术进行参数确定。模型参数说明见表 3-13。

表 3-13 模型参数说明

序号	参数	说明
1	n_estimators	残差树的数目
2	max_depth	树深度，深度越大可能过拟合
3	num_leaves	叶节点数目
4	min_childs_samples	叶子可能具有的最小记录数
5	min_child_weight	一个结点分裂的最小海森值之和
6	feature_fraction	特征的子抽样
7	bagging_faction	subsample 样本采样
8	reg_alpha	L1 正则化参数
9	reg_lambda	L2 正则化参数

2）LightGBM 算法模型参数调优。基于网络搜索技术开展模型自动调参，只要把参数范围输进去，就能给出最优化的结果和参数，模型最优参数结果见表 3-14，算法模型

调参步骤如下：

获取 n_estimators 最佳值；然后，固定 n_estimators 确定 max_depth 及 num_leaves 最佳值。

固定 n_estimators、max_depth、num_leaves 来确定 min_childs_samples 及 min_child_weight 最佳值。

固定 n_estimators、max_depth、num_leaves、min_chidls_samples 来确定 feature_fraction 及 bagging_faction。

固定 n_estimators、max_depth、num_leaves、min_chidls_samples、feature_fraction、bagging_faction 来确定正则化系数。

表 3-14　　　　　　　　　　　　　模型最优参数结果

序号	参数	人员预测模型参数	物资预测模型参数
1	n_estimators	1	1
2	max_depth	1	1
3	num_leaves	5	5
4	min_childs_samples	1	1
5	min_child_weight	0.001	0.001
6	feature_fraction	0.6	0.9
7	bagging_faction	0.5	0.6
8	reg_alpha	0.0001	0.0001
9	reg_lambda	0.0001	0.0001

最终人员预测模型的 mse 为 1.7 左右，物资预测模型的 mse 为 5338，由于配电网自动化普及较慢，收集数据过少，如果可获得更多维度的数据，能够进一步提高模型的精准率。

（2）应用方向。某地位于东南沿海丘陵地区，常年遭受台风袭击，给电网造成极大冲击，以往进行抢修资源配置时，多数基于经验进行资源配置，本书通过收集历史抢修数据，采用数学模型进行建模分析，在应急情况发生时，对抢修资源进行预测分析，对抢修资源配置进行辅助指导，优化应急抢修体系，进而加快促进新型电力系统建设，加强能源互联网相关技术应用，让数字革命在能源电力领域迅速发展。

以本节模型为手段，供电服务指挥中心可根据模型获取的人员预测结果，通过现有的技工人才库对抢修人员进行合理分配派遣，物资精准分配，以实现对配电网应急抢修体系的优化和提升，达到最终合理安排有限的抢修资源，以高效及时地完成应急抢修的相关任务工作。图 3-11 为技工人才库系统截图。

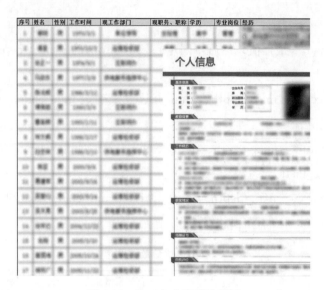

图 3-11　技工人才库系统截图

（四）应用成效

1. 合理配置配电网抢修资源

通过历史应急情况下的配电网抢修资源配置数据，以及得出的配电网网格重要度，采用机器学习及动态划分的方法合理配置应急情况下配电网抢修资源，通过科学的量化计算分析，能够准确地预测出抢修所需的资源，极大地降低企业的抢修成本。对社会而言，精准的抢修和科学的分配，将有限的抢修资源实现最优分配，实现抢修效益最大化，并将对社会的负面影响降至最低，极大地降低了社会的各类损失。

2. 实现抢修效益最大化

通过分析网格中的多维数据，综合量化评价出各个网格的重要程度，实现抢修优先级排序，保障重要网格先抢修，进一步挖掘历史抢修数据，保障抢修资源有限的情况下实现效益最大化，并将对社会的负面影响降至最低，从而提升客户满意度，优化营商环境。

3. 实际应用

2022 年 7 月，某网格内受雷暴天气影响，发生多起故障停电，仅在 7 月 12 日，该市气象台发布雷电黄色预警信号，该片区突发雷暴天气，14：37，某 297 线、某 644 线等多回 10 千伏线路受雷暴气影响跳闸，重合闸不成功。供服中心根据故障指示仪和本书模型辅助，合理优化人员调度，迅速调整各停电线路的巡视和抢修工作安排，减少外出作业 3 人次、抢修车 1 辆次、（比预计）少停电 20 时户数。安排抢修人员赶赴现场进行抢修作业，于当天 15：20 恢复送电。该电力公司充分发挥了配电网指挥长的职责，通过地区故障综合研判，负责故障抢修的统一指挥，根据本书中给出的数字模型，对人员、物资进行统一的调配。

五、配电网线路雷击故障停电信息统计分析及防雷措施评估

（一）问题的提出与分析

雷击是造成配电网停电的重要原因之一。配电网线路分布广、设备类型复杂、绝缘水平低，不利于防雷措施的全覆盖实施，当今配电网防雷的研究重点主要集中在差异化防雷方面。由于雷击地点、雷击概率和雷电流密度均无法预估，因此难以通过气象预测的方式对线路雷击进行预警及防治。目前，学者主要研究差异化防雷的技术手段，希望通过对不同线路特点的总结，有针对性地采取不同防雷设计及防雷改造措施。然而，现有实际配电网运行数据的采集情况不能支持针对各条线路、各个杆塔的差异化分析。

为解决上述问题，基于雷击故障及配电网线路数据，构建雷击故障风险评估模型：

首先，收集雷击故障及配电网线路的数据。统计并整理雷击故障及线路属性等相关数据，根据配电网运行及设备管理数据库的实际运维情况，统计配电网线路雷击故障的各项参数，在此基础上，统计上述线路与雷击故障相关的配电网线路属性。

随后，构建配电网线路雷击故障风险评估模型。通过特征工程及相关性分析，选取合适的特征构建雷击风险评估的数据模型，再结合因子分析法及层次分析法等方法，对线路属性、停电配电变压器台数、线路负荷等8类因素的分析，形成线路范围、损失负荷、停电时长和停电次数等四类评价指标，并得到各指标的影响权重。基于各条线路的综合风险指数评估，对所有发生雷击故障的配电网线路进行评级，并通过聚类分析方法，根据各条线路的雷击风险特征的提取，对雷击配电网线路进行分类，探究各类线路的差异化防雷方式。

基于上述模型可对雷电防治效果开展评估。以新式智能化设备雷电防治效果评估为例，基于配电网运行及设备管理数据库的实际运维情况，统计各类智能设备的安装、运行与动作信息，计算其对线路的影响系数。基于雷击风险评价指标体系，采用神经网络算法建立设备影响系数、相关的雷击故障参数、气象参数和线路属性等特征之间的关联模型，并采用该模型预测安装不同数量智能设备情况下的雷击风险指数变化，从而对新式智能化设备的雷电防治效果进行评估，为智能配电网的智能设备精益化投资提供数据支撑。

（二）数据概况

数据来源包括供电服务指挥系统、配电自动化主站系统、PMS2.0系统，以及省电网雷电监测系统等。

1. 供电服务指挥系统

本项目在供电服务指挥系统中主要获取停电故障信息表。受数据库维护条件限制，

仅能获取最早至 2018 年的配电网线路故障停电数据。每个样本对应一条线路上的一次停电故障，筛选停电原因为雷击故障的 8000 多条次停电故障样本，各样本具体特征包括线路名称、所属地区、公用变压器及专用变压器数量等线路信息，以及停电时间、恢复时间、停电时户数、停电台数和损失负荷等停电故障信息。

2. 配电自动化主站系统

在配电自动化主站系统内主要获取智能开关的信息。单条样本对应一台设备，具体信息包括设备所在线路的名称、所属地区、安装时间和开始运行时间等。另外，智能开关特征还包括跳闸时间，将设备安装信息与停电数据信息按照线路名称和停电时间进行关联，筛选出对雷击故障造成影响的智能开关信息。

3. PMS2.0 系统

在 PMS2.0 系统中主要统计线路属性。单条样本对应一条线路，根据供电服务指挥系统中统计的雷击故障停电信息筛选出 2022 年发生过雷击停电故障的线路，统计的具体特征包括配电网线路架空线长度、杆塔数量、配电变压器数量和供电区域重要性等级等。

4. 省电网雷电监测系统

在雷电监测系统前端界面导出区域平均地闪密度。由于 10 千伏配电网线路地理信息系统（geographic information system，GIS）信息维护水平较低，未能获得线路的具体经纬度信息，因此地闪密度方面主要统计了精确到县域的平均地闪密度。

综上，由以上各类系统的前端或后台数据库提取特征并通过多表关联获得 4 张源表。具体表格及特征信息统计汇总如表 3-15 所示。

表 3-15 特征信息统计汇总

序号	源表	特征	特征类型
1		线路名称	String
2		所属市公司	String
3		所属县公司	String
4	雷击故障信息表	停电配电变压器	Double
5		停电时间	String
6		恢复时间	String
7		停电时户数	Double
8		停电负荷	Double
9	雷电预警信息表	地闪密度	Double
10		架空线长	Double
11	线路属性表	杆塔数目	Double
12		配电变压器数量	Double
13		供电区域重要性等级	String

序号	源表	特征	特征类型
14		智能开关安装线路名称	String
15		智能开关安装市	String
16	设备信息表	智能开关安装县	String
17		智能开关投运时间	String
18		智能开关动作时间	String

（三）研究方案

1. 数据预处理

（1）雷击风险评估特征统计。为了针对各条线路进行雷击风险评估分析，需要将表 3-15 中的各源表重新以线路为样本进行统计。雷击故障信息表中，分别计算各条线路单次停电造成的停电配电变压器、停电负荷以及停电时户数等信息，并统计停电总次数，并形成线路雷击故障信息表。将表与雷电预警信息表按照县公司名称关联，统计各条线路的 10 类雷击风险评估特征，并大致分为线路属性、气象历史信息以及雷击停电故障信息三类如表 3-16 所示。

表 3-16   **雷击风险评估特征类型**

线路属性	气象历史信息	雷击停电故障信息
架空线长度	平均地闪密度	雷击停电次数
杆塔数量	—	停电时户数
配电变压器数量	—	停电配电变压器台数
平均负荷	—	停电时长
供电区域等级	—	—

（2）特征筛选。对初步统计的 10 类特征进行筛选。通过对特征之间相关性的考察，一方面，评估各类特征的方差是否有助于区分各条线路的特性；另一方面，也为了验证表 3-16 的指标体系是否适用于数据降维分析。

采用 Z-score 模型将各类因素进行归一化，之后对指标体系进行检验统计量（kaiser-meyer-olkin，KMO）校验。经计算，10 类特征的 KMO 值小于 0.5，因此需要进一步分析特征之间的相关性。

在选取相关性计算方法之前，首先通过 K-S 校验判断各类数据的分布特征。经计算，大多数特征不符合正态分布。因此，采用肯德尔（kendall）相关系数法进行相关性分析。分析结果表明，地闪密度和供电区域等级两类因素与各类因素的相关系数均不超过 0.21（置信度 99%）。对于同一区域内不同线路，该类数据完全相同，与各线路的其他信息相关性较弱，且难以准确反映线路差异性，该类数据更适合用于以县公司或供电区域为样本的评级分析，而不适合以线路为样本的分析。因此，最终筛选 8 类特征作为雷击风险评价指标，两类特征之间的最大相关系数均超过 0.41（置信度 99%），对其进行 KMO 校验结果超过 0.635，说明该数据集基本满足因子分析条件。

（3）特征提取。由于智能开关的作用仅体现在雷击故障发生后，因此难以直接建立其与雷击综合风险评估指标之间的关系模型。另外，由于数据库缺少往年同期故障信息，且智能设备在各条线路上的安装数量差异较大、安装时间跨度较长，而不同安装时间对应的地闪密度差异明显，因此无法简单地通过对比安装前后单个特征或雷击风险综合评价指数的变化来评估设备作用。本项目从设备信息表汇总表中进一步提取设备特征，并与相关雷击风险特性建立关联。

对于设备安装情况的描述，一方面，各条线路上的安装设备数量会直接影响整体雷电防治效果，另一方面，是否在雷雨季节前安装也直接影响其在当年起到的作用。因此，本研究统计了各条线路安装智能设备的数量以及每个智能设备作用时间，即开始运行时间至 2022 年 10 月 31 日的天数，通过计算其乘积作为智能设备的作用系数，以表征设备对雷击故障的影响。

智能开关在雷电防治方面的作用体现在雷击故障发生时能及时切除部分故障线路或用户，保障正常部分供电可靠性，减少雷击停电故障造成的负荷损失。但受雷击次数、线路规模和网架结构等多方面因素影响，智能开关的作用系数与线路损失负荷之间可能不存在简单的负相关关系。因此，本项目考察了不同时间段的平均单次停电损失负荷变化。对于发生雷击故障且智能开关动作的线路而言，设备作用系数越高，日平均单次故障损失负荷可能越低；但另一方面，智能开关仅能开断一定范围内的线路，其对降低故障损失负荷的作用有限。综上所述，本项目统计了智能开关动作的雷击故障记录，筛选出智能开关作用系数大于 0，停电次数大于 3 次的线路，统计了各条线路每日单次故障损失负荷，将其按照升序排列后计算其平均变化率，作为智能开关作用系数的潜在因变量。

2. 算法说明

（1）评价指标体系建立（数据降维）。评价指标建立方法简述如下：

1）采用主成分方法对通过 KMO 验证的 8 类特征进行降维，保证各类因子特征根大于 1 或所有因子累计方差超过 80%。

2）采用最大方差法进行坐标旋转并得到各因子的载荷矩阵以及各因子的方差贡献率。

3）采用层次分析法建立各因子的权重分析矩阵，并校验一致性。

4）结合因子方差贡献率和权重，形成基于多因子的综合评价指标体系，并基于该体系对各条线路进行雷击故障风险评估。

5）针对多因子综合评估结果，采用 K-means 方法对雷击故障线路进行聚类分析，并总结各类线路特征。

（2）设备防雷效果评估模型。基于对评价指标体系中各因子的分析，采用多层感知机建立设备作用系数与相关因子之间的关联。以智能开关为例，具体评估过程简述如下：

将数据集随机分配至 8∶2 的两个数据集，分别作为训练集和测试集，并采用 Z-scroe 模型对数据进行标准化；采用多层感知机，自变量设定为架空线长度、配电变压器数量、台区重要性等级和智能开关作用系数，因变量设定为损失负荷平均变化率；调整隐藏层单元和层数、隐藏层和输出层激活函数等参数，并结合数据分箱，使得测试集预测残差最小，保存预测模型；根据现有运行设备基数设定预计安装设备数量，并输入架空线长度、配电变压器数量和台区重要性等级等参数，预测故障损失负荷变化。

（四）应用成效

1. 配电网线路雷击故障风险评级

根据 4 因子评价指标描述的配电网线路特征，结合因子综合权重对某省 2022 年雷击线路进行了风险评估，得到各线路的综合评分并标准化为百分制，其分布特征如图 3-12 所示。

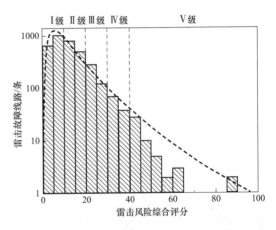

图 3-12　配网线路雷击风险评分分布特征

一方面，可以基于线路的雷击风险等级决定防雷措施实施的顺序，对于雷击故障风险高的线路优先治理，并对防雷措施的效果进行跟踪评估；另一方面，结合本节四（一）中聚类分析的结果，可针对不同类型的配电网线路提出初步的差异化防雷措施建议。

（1）1 类线路。单次雷击可能造成较大的负荷损失。由于该类线路规模不大，可考虑安装适量的智能开关，及时切除雷击故障段的线路以降低损失。

（2）2 类线路。该类线路数量最少，雷击故障发生概率较高。应加强避雷线、避雷器等设备的覆盖率，减少雷击后发生停电故障的概率，并在雷雨季节加强该部分线路的巡视。

（3）3 类线路。该类线路数量最多，但各类因子值均较低。该类线路遍布浙江各地，因此部分线路处于地闪密度较高的区域，可以针对该区域线路的防雷措施进行分析总结。

（4）4 类线路。该类线路具有最大的网架结构，但雷击概率并不高，不宜过多投入防雷设备，但针对其中包含的 3 条 V 级线路仍应重点治理。

（5）5类线路。该类线路具有最长的停电时长。对于该部分线路应优先考虑采用能够提升故障研判的措施。另外，该类中雷击停电次数超过5次的线路基本处于山区。因此，可考虑投入一定计划时户数进行停电作业安装防雷设备，以减少故障时户数。

2. 智能开关雷电防治效果评估

通过对源表的统计分析，现有智能开关的安装数量基本和杆塔数量呈正相关的关系。本项目首先基于2022年配电网线路的智能开关安装数量，按年初开始运行的情况计算各样本的智能开关作用系数，并计算了作用系数提高25％、50％和75％的情况下，结合线路参数及地闪密度信息，输入神经网络模型，对不同设备安装情况下线路的平均负荷损失变化率进行预测，智能开关对雷击故障的防止效果评估结果如图3-13所示。

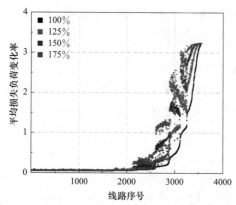

图3-13　智能开关对雷击故障的防止效果评估

按照100％安装情况下的智能开关作用系数从小到大排列，对比了各种设备安装情况下平均损失负荷变化率的提升情况，可以发现神经网络对智能开关的雷电防治效果做出了合理的预测。具体来说，对于设备安装数量较低的线路，智能开关对雷击故障防治的效果并不明显；对于设备安装较多的线路，智能开关对负荷损失降低的效果较为明显，且增加一倍的数量可以带来较大的提升，具体提升情况可以根据图3-13各样本的数据进行评估；对于设备安装数量更多的线路，智能开关的作用趋于饱和，进一步增加安装并不能带来明显的效果提升。

六、基于短信发送平台的配电网项目进度管控优化

（一）问题的提出与分析

配电网工程受限于数量多，单体工程规模差异大，打包现象较为突出，配套机制和算法尚未明确。伴随电网高质量发展，配电网投资力度不断加大，尤其是10千伏投资规模逐年增加，对配电网项目管控提出更高要求。尤其是自动竣工决算实施以来，配电网项目投产后的节点管控成为重点。如何提醒业务部门在不同节点到期前完成工作任务，是提升配电网项目智能化水平和管理效率的最重要一环。当前存在的痛点问题：配电网项目全过程管控至少涉及设计、施工、建设、审计、运检、发展、财务7个部门，每个部门对应着不同的节点管控要求，且从开工到结束往往需要1～2年的时间。配电网项目流程长、范围广、节点多的特性让配电网项目成为审计检查和巡视巡察的重灾区，发现的节点超期往往是无法整改的问题。

某电力公司通过短信发送平台（简称 e 平台），根据项目每一节点的历史完成情况搭建在建项目的天数和日期回归随机森林预测模型，并将预测天数和日期定位为最优短信推送日期，在 e 平台触发短信推送功能。利用模型结果推送催办短信，在最敏感阶段刺激项目责任人实现完成工作任务的目标。充分挖掘了配电网项目全过程管理的大数据价值，将项目与手机互联，配电网项目投产后由单一财务人员管理升级为数字化集成平台来驱动，辅助财务人员全方位把控配电网项目自动竣工决算全流程，架设起配电网项目进度管控的"快车道"。

（二）数据概况

基础数据来源于 ERP 系统，抽取 2017—2022 年的所有配电网项目的基础数据，数据类型包括日期型和数值型的结构化数据，数据维度主要包括：投产日期、投产通知书移交日期、成本暂估日期、预转资日期、工程送审日期、审价结束日期、拆旧物资回收日期、截止报账日期、决算编制日期、决算审计日期、项目关闭日期等日期维度数据；项目投资预算、项目实际发生成本等数值型价值维度数据；项目编码、项目描述、电压等级、成本中心等文本型的数据。数据共有 300 行 20 列。

（三）研究方案

1. 数据清洗过程

将数据电压等级描述口径不统一、日期格式错误、原始数据中的缺失值和无效值进行处理；以 2017—2022 年 300 个配电网项目的投产通知书移交、成本暂估、预转资、审计资料编制、工程送审、完成审价、拆旧物资回收、截止报账、决算编制、决算审计、项目关闭 11 个节点的实际日期减去投产日期，得到 3054 个节点间隔（即节点实际时长）的数据集。其中，有 5 个项目缺失成本暂估节点间隔，有 8 个项目缺失审价资料编制完成的节点间隔，有 9 个项目缺失拆旧物资回收的节点间隔，有 224 个项目缺失完成决算审计的节点间隔。

2. 数据预处理过程

因项目投产阶段较小概率下发生的成本几乎接近项目概算，发生后也不会产生暂估成本节点。对 5 个缺失的成本节点间隔逐一分析后，认为属于正常管理需求，对这 5 个缺失值不处理；审价资料编制属于每个配电网项目投产后的必备节点，虽然拆旧物资回收不属于投产项目必备节点，但考虑获取难度较大，因此对审价资料编制和拆旧物资回收两个节点的 17 个缺失值均采取回归填补法进行填补。

3. 数据分析过程

影响 11 个节点间隔的主要可能包括投产月份、项目规模、电压等级、责任部门、人员熟练度、节假日等因素。利用项目发生的历史间隔数据开展与上述因素的关联性分析后发现投产月份、投资预算、实际发生、电压等级与上述节点相关性，并将相关性较强的因素作为输入值建模处理。

4. 模型介绍

经数据分析发现，配电网项目的"投产日期"对节点间隔具有较强的规律性，10—12月投产的配电网项目，节点间隔较长。1—6月投产的配电网项目，节点间隔较短。投产日期在上旬，节点间隔较短，投产日期在下旬，节点间隔较长；配电网项目的投资预算和实际发生规模大小对审价资料编制、竣工决算编制、决算审计、截止报账、项目关闭等节点影响较为明显，且呈正相关；配电网项目的电压等级对节点间隔也有一定规律，电压等级越高，节点间隔相对较短。

按分析结果将投产月、投产日、投资预算、投产前实际发生和电压等级作为5个特征值，分别采用随机森林、支持向量机、神经网络三种模型预测2022年1—9月的配电网项目节点间隔，并对预测结果进行比对，择优选择模型作为节点间隔预测模型（子模型一）。输出数值型，节点间隔时长的一组向量 $Y_{i=1\cdots11}$。输出日期型，短信最优推送日期的一组向量 D_i；以向量 D_i 为起点，按设定频率通知当前节点配置的责任人及时完成本节点工作任务。如已完成，触发本节点的实际完成日期，本节点结束并滚动到下一节点进行模型预测。如未完成，则触发短信升级推送功能，超过1天（可订制）完成的，将短信推送对象更改为部门负责人，超过7天（可订制）仍未完成的，将短信推送对象更改为分管领导，直至完成本节点。

e平台共植入三个子模型。模型基于三个假设：一是根据国家电网公司文件要求，项目管控不考虑节假日时间，模型假设节假日不影响间隔时长的预测；二是在配电网项目进度管控中不存在因系统或故障等原因导致延长节点间隔时长的可能性；三是假设项目管理部门的责任人熟悉系统各节点操作。模型适用范围：配电网项目投产后的11个节点管控，其他纳入自动竣工决算的项目也可参照本模型实施，但应对相关参数做必要调整。

（四）应用成效

1. 管控提质增效

自2022年实施以来，该电力公司超期关闭项目率由2021年的23%降至0%，前三季度配电网项目预算完成率由2021年的56%提高至78%，转资率由2021的34%提高至72%。e平台的短信推送功能时刻提醒业务部门完成节点工作任务，充分发挥24小时小助手的作用，督促加快项目进度，完全避免了因遗漏、疏忽等人为原因影响项目进度管控的可能性。

2. 风险可控在控

分析历史节点间隔规律，提炼影响的特征因素，并建立模型输出配电网项目各节点间隔时长。财务部门根据预测节点间隔时长提醒业务部门及时操作。特别是根据模型预测出某一节点的间隔时长将会超过规定天数时，可组织业务部门提前研判单个项目的管控现状，通过会议协调、重点监控、进度分析等形式来消除可能存在的超期因子，从而实现实际不超期的目标。e 平台已累计预测出可能超期的配电网项目 3 个，涉及节点共12 个，组织业务部门已消除 5 个超期因子（见表 3-17），其余节点也处在监控范围内。从消除超期因子后的节点实际完成时长来看，比较接近文件规定最大值天数，模型有效发挥了风险预警的作用。

表 3-17 　　　　　　　　　　　　样本项目预测超期管控情况表　　　　　　　　　单位：个

项目编码	资料编制			工程送审			截止报账			项目关闭		
	预测值	目标值	实际值	预测值	目标值	实际值	预测值	目标值	实际值	预测值	目标值	实际值
1811X118001J	15		10	20		13	75		未	96		未
1811X118001P	12	11	9	18	15	未	78	70	未	93	90	未
1811X1180023	19		12	15		14	83		未	107		未

3. 平台智能运行

按模型公式自动取数预测最优短信推送日期，结合实际完成情况自动升级短信推送层级，实时、智能监控配电网项目的进度完成情况，无须人工干预。模型不断收集各节点的实际完成日期，扩大数据量，重新构建训练集并进行训练。通过机器学习功能不断提高配电网项目节点间隔的预测准确度。此外，e 平台具有短信内容文本订制功能（见图 3-14）和每个层级的发送频率调制功能，能满足各单位的个性化需求。

图 3-14　e 平台短信内容订制展示

第二节　营销服务领域

一、基于用能数据的服务数字化应用

（一）问题的提出与分析

在实现"碳达峰、碳中和"的进程中，推动能源消耗量和强度"双控"向碳排放总量和强度"双控"转变，新增可再生能源和原料用能不纳入能源消费总量控制，一度引起广泛关注与热议。目前，很多市域传统高耗能产业占比较重，又面临着碳减排、保经济增长等多重考核的压力，企业低碳转型迫在眉睫。但如何改造、改造成本需要多少，很多问题没办法在现场为企业提供有针对性的建议和可参考的数据。

基于上述情况，可利用数字化手段，为企业做好现场能效体检，并实现效能提升方案"现场立答"。汇聚、分析企业基本用能情况，现场分析企业能耗水平并提供综合用能提升方案，为用能企业节能减排、低成本绿色转型提供数字化、可视化数据支撑，为电网公司开拓综合能源、电能替代市场提供技术精准指导。

通过产品化应用开发，建设企业信息、能效体检、效能提升等模块。客户经理现场摸排后，在能效体检模块中输入企业用能设备类型和容量、生产负荷特性等信息，微应用可现场为企业出具一份含能效评级、能耗排名、用能建议的体检报告。与此同时，企业可根据下降单耗值需求，选择光伏、储能、配电改造、楼宇节能改造等多种效能提升举措。根据企业效能提升需求，微应用可自动测算出含建设成本、回本周期、节约电量、碳减排量等多维度用能方案。

（二）数据概况

本书案例使用的研究数据涉及企业数据、能效数据和用能方案三个部分。

基本信息板块主要展示企业名称、所属乡镇、行业、用电性质、变压器容量、平均负荷、是否高耗能企业等信息。能耗日历版块主要展示企业上月用电量、上月最大负荷及每月电量负荷曲线等信息。

能效评价版块是客户经理通过现场在企业排摸的情况，输入企业的工作周期（连续性生产、做五休二、视订单而定）、工作时间（24 小时制、8：30～17：00、20：00～6：00、视情况而定）、用能设备的型号和功率（可增加多个设备）、变压器容量和负载率、工业总产值，根据用能情况的信息，通过后台计算分析，生成能效评价模块内容，展示能效级别、按区域和行业的企业能效排名、能耗强度、企业能耗水平提升的相关建议和一份用能报告。

用能方案版块是企业通过输入希望下降的目标能耗强度后，通过后台计算出相应的用能方案和报价。其中，开源包含光伏、储能两个类型，选中一种类型，下方的编辑方案和方案报价会随着目标能耗强度的变化而变化，实现为企业提供私人定制版用能方案。节能包含配电改造、智慧用能，可通过在编辑方案里选择不同的配电变压器型号或空调、照明类型，从而在方案报价里输出与之对应的价格。编辑方案版块是可在光伏、储能、配电改造、智慧用能四个业务中根据需求选择相应的光伏板、储能电池、配电变压器和空调、照明的类型。方案报价版块是根据上述两个版块的调整输出含建设成本、回本周期、年节约电量、减少碳排等对应方案的报价。各版块数据概况如表 3-18 所示。

表 3-18 各版块数据概况

版块	数据提供方式	数据名称	数据获取频次	数据获取渠道
企业信息版块	前端输入	—	—	—
	后台导出	企业名称、所属乡镇、行业、用电性质、变压器容量、平均负荷、是否高耗能企业、一年内每月用电量、每月最大负荷	每月	营销系统导出
能效评价版块	前端输入	企业的工作周期、工作时间、用能设备的型号和功率、变压器容量和负载率、工业总产值	按需	现场排摸
	后台导出	某县高压企业工业产值	每年	县经信局提供
		某县高压企业年度用电量	每年	营销系统导出
用能方案版块	前端输入	目标能耗强度	按需	现场排摸
	后台导出	各类光伏板、储能电池、配电变压器、空调、照明的单价	一次即可	—

（三）研究方案

1. 数据获取

企业能效评价模型数据集采集某供电公司历年区域企业基本信息部分数据，共计 5 万条数据。数据集中每条信息包含 29 个字段，企业基本用能信息如表 3-19 所示。

表 3-19 企业基本用能信息

户号	地址	行业类别	运行容量（千伏安）	受电容量（千伏安）	最大负荷（兆瓦）	…	最大负荷发生时间	时间
户号 1	地址 1	大工业用电	12500	12500	9668.4	…	2021-07-01 09：16	2021-07-01
户号 2	地址 2	大工业用电	3000	3000	2144.5	…	2021-08-24 14：28	2021-08-24
户号 3	地址 3	大工业用电	3815	3815	2340.5	…	2021-06-06 12：25	2021-06-06
户号 4	地址 4	大工业用电	6500	6500	4375	…	2021-12-21 17：51	2021-12-21
户号 5	地址 5	大工业用电	7860	7860	5614.3	…	2021-09-03 16：32	2021-09-03
户号 6	地址 6	大工业用电	4000	4000	2410.5	…	2021-07-06 11：08	2021-07-06
…								

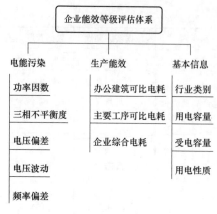

图 3-15　企业电力能效等级评估指标体系

2. 建立评估指标体系

依据国家电网公司电力需求侧管理实施办法的要求，结合高耗能企业电能消耗特点及企业级电力能效监测终端的采集数据，分别从全社会、电力企业、电力客户等多方面进行综合考虑，最终选取若干能直接或者间接反映企业能效水平的特征量，构成高耗能企业电力能效等级评估指标体系，如图 3-15 所示。

3. 数据准备

对能效指标归一化处理。企业能效指标体系中既有定量指标又有定性指标，且具有不同的量纲和数量级，因此不能直接进行比较，必须进行归一化处理。对于定性指标，主要依据专家经验进行定性描述，即采用专家打分法，打分范围为 $[0,1]$；对于定量指标，引入相对优化度的概念将各指标值进行无量纲化处理，其取值范围为 $[0,1]$，这样就避免了因各指标的量纲、数量级不同而造成评估的能效等级不匹配。对于成本型（极小型）指标，其数值越小，能效越优，其无量纲化的处理公式为：

$$X_m = \begin{cases} \alpha & x_m \ll a \\ \left[\dfrac{b-x_m}{b-a}\right]^a & a < x_m < b \\ 0 & x_m \gg b \end{cases} \tag{3-9}$$

对于效益性指标，其数值越大，能效越优，其无量纲化的处理公式为：

$$X_m = \begin{cases} \alpha & x_m \ll a \\ \left[\dfrac{x_m-b}{a-b}\right]^a & b < x_m < a \\ 0 & x_m \ll b \end{cases} \tag{3-10}$$

式中：X_m 为第 m 项指标的无量纲化值；x_m 为该指标的实测值；a 为该指标统计样本的最优值；b 为该指标统计样本的最差值；α 为参数变化对能效水平的影响程度，文中取为 1。

将企业能效分为 5 个等级，即优秀、良好、中等、合格和不合格，分别用 H_1、H_2、H_3、H_4、H_5，表示，能效指标相对优化度取值范围与企业能效等级之间的对应关系如表 3-20 所示。

4. 模型构建

建立基于 TOPSIS 评价算法的企业能效评估模型。该模型的输入参数包括行业类

表 3-20 企业基本用能信息

能效等级	相对优化度	描述
H_1	0.8～1	能效水平远高于同类企业平均水平，已达国内领先
H_2	0.6～0.8	能效水平略高于同类企业，能效水平较高
H_3	0.4～0.6	能效水平处于同类企业的平均水平
H_4	0.2～0.4	能效水平略低于同类企业平均水平，需一定程度改造
H_5	0～0.2	能效水平远低于同类企业平均水平，需立即改造

别、用电容量、受电容量、用电性质、企业电耗、功率因数、三相不平衡度、电压偏差、电压波动、频率偏差，数据面从不同的角度展现反映了用户用能的特征，为了综合考虑各个指标所反映的企业客户用能信息，需建立一个综合指标以便于计算企业能效等级。

企业能效综合指标应满足两个条件：一是该指标是一种逆向指标，其大小应能反映企业能效的高低；二是指标越大说明能效等级越高，越小则表示能效等级越低。

基于此，采用逼近于理想解的排序法（technique for order preference by similarity to an ideal solution，TOPSIS），该方法根据有限个评价对象与理想化目标的接近程度进行排序，是在现有的对象中进行相对优劣的评价。该方法中有两个基本概念，即理想解和负理想解。所谓理想解是一设想的最优的解（方案），它的各个属性值都达到各备选方案中的最好的值；而负理想解是一设想的最劣的解（方案），它的各个属性值都达到各备选方案中的最坏的值。在此，理想解即为能效指标为 1，而负理想解即为能效指标为 0，企业能效排序的规则是把企业能效数据与理想解和负理想解做比较，以此计算该企业的能效等级。

建立企业能效评估实例，以某公司电力用能监测终端一个月所采集到的数据为基础，并根据企业能效等级评估指标及算法模型对该企业进行能效评估，分别用 x_1 至 x_{12} 表示电能污染、生产能效及最基本信息中的各个指标，并进行归一化处理，具体电力能效数据如表 3-21 所示。

表 3-21 电力能效数据

能效指标	x_1	x_2	x_3	x_4	x_5	x_6	x_7	x_8	x_9	x_{10}	x_{11}	x_{12}
数值	0.21	0.36	0.54	0.63	0.49	0.65	0.71	0.28	0.64	0.79	0.45	0.60

通过带入算法模型进行计算，该企业的能效评估结果为 0.51，即能效水平处于同类企业的平均水平。

（四）应用成效

1. 精准分析企业用能情况

通过能效体检模块，为企业用能情况"把脉会诊"，现场为企业出具体检报告，为企业节能减排、绿色转型提供技术指导，做好企业的"全科医生"。

2. 定订"现场立答"用能方案

通过效能提升模块，将企业能耗强度的目标值输入微应用，含有建造成本、回本周期、年节约费用等关键信息的用能方案就能自动生成，实现了用能方案的"一屏了然""方案立答"，做好企业的"精算师"。

3. 加快"供电＋能效"转型升级

利用微应用提供的"现场立答"用能方案，为供电公司综合能源事业部在业务推广上增添数字化手段，增加客户黏性，可引导企业节能减排、开展储能、光伏、电能替代等综合能源业务，为供电公司开拓市场提供靶向定位，助力供电公司提质增效。

二、基于多源数据融合的节能家电偏好用户挖掘

（一）问题的提出与分析

绿色和节能是国家能源生产与消费革命的两大核心理念，随着能源生产消费结构升级转型和电力体制改革，国家电网公司明确要求实施"再电气化"战略。大力发展节能环保产业，抢占居民综合能源服务市场，已成为国家电网公司未来发展的主要方向之一。国家电网公司、省公司先后出台电能替代战略部署，其中利用节能家电的经济性优势转变居民用户的用能习惯，推进居民"再电气化"进程，是电能替代战略实施的重要环节。然而，居民用户人口基数大、群体分类复杂，再加上供电企业拥有用户的数据来源单一，难以精准刻画用户画像，做到主动服务用户，实现精准营销。因此，精准研判居民在电气化的潜在需求，再根据不同用户的消费因素制定营销策略，引领低碳消费新模式，是主要研究方向。

以节能家电偏好潜在客户挖掘为切入点，将业务经验转化为数据需求，构建由用户信息、消费因素、用电习惯和交费习惯等维度组成的节能家电偏好用户指标体系，运用大数据机器学习算法，筛选节能家电偏好用户的特征向量，再通过融合极限梯度（XG-Boost）算法进行机器学习、训练建立模型，从而创建数据驱动的精准营销新模式，有效解决传统居民再电气化点多面广、单户潜力小、整体挖掘难的突出问题。

第一步，泛连接。连接营销系统、用电采集系统、标签库系统等平台建立多源数据集，并通过线上调研方式获取了5211余份测试与验证数据样本。

第二步，建模型。分别运用逻辑回归、随机森林和XGBoost算法构建了三组偏好挖掘数据模型，运用KFold交叉验证法评估模型性能，量化比较后选中XGBoost集成学习算法作为主模型。

第三步，优迭代。形成适用于全量居民用户的节能家电偏好分析挖掘模型，输出电

器偏好标签，开展精准营销；通过实际业务执行反馈，进一步优化训练模型算法，形成正向迭代，不断提升模型精度。

（二）数据概况

研究数据包括内部数据和外部数据。客户基本信息及用电行为信息数据表（内部数据）详见表 3-22，客户基本信息及用电行为信息主要字段（内部数据）详见表 3-23，节能家电调研结果表（外部数据）详见表 3-24。

表 3-22　　　　客户基本信息及用电行为信息数据表（内部数据）

序号	源业务系统	表名	数据源表
1	营销系统	主数据表	ods_cst_m_c_cons
2	营销系统	用电客户快照－归档表	ods_cst_m_arc_e_cons_snap
3	营销系统	收费记录	ods_cst_t_a_pay_flow
4	营销系统	流程实例表	ods_cst_t_indywf_instances_cur
5	营销系统	用电申请信息记录	ods_cst_t_s_app_f
6	营销系统	证件	ods_cst_m_c_cert
7	营销系统	用户电价电费	ods_cst_t_arc_e_cons_prc_amt
8	营销系统	用电客户快照	ods_cst_m_arc_e_cons_snap
9	营销系统	用户累计电量－归档表	ods_cst_m_arc_e_cons_accu_pq
10	营销系统	用户电价	ods_cst_m_c_cons_prc
11	采集系统	抄表数据－归档	ods_cst_t_arc_r_data
12	采集系统	测量点日冻结电能示值	ods_cst_t_e_mp_day_read
13	营销系统	业务定义	ods_cst_t_data_id_map_info

表 3-23　　　　客户基本信息及用电行为信息主要字段（内部数据）

序号	字段	数据来源	数据类型
1	户号	营销系统	String
2	户龄	营销系统	String
3	供电编码	营销系统	String
4	是否新装用户	营销系统	String
5	峰谷用户	采集系统	String
6	一户多人口标识	营销系统	Bigint
7	一年总电量	营销系统	Double
8	近一年总电量标准差	营销系统	Double
9	月电量最大值	营销系统	Double
10	月电量最小值	营销系统	Double
11	总电费	营销系统	Double
12	无电量用户	营销系统	String

续表

序号	字段	数据来源	数据类型
13	当前阶梯	营销系统	String
14	去年最大阶梯	营销系统	String
15	按时交费标签	标签库系统	String
16	逾期交费行为标签	标签库系统	String
17	掌上电力 App 绑定标签	标签库系统	String
18	微信绑定标签	标签库系统	String
19	交费渠道偏好标签	标签库系统	String

表 3-24　　　　　　　　**节能家电调研结果表（外部数据）**

序号	字段	数据来源	未来获取渠道
1	户号	调研	营销系统
2	性别	调研	营销系统
3	年龄段	调研	营销系统
4	可支配月收入	调研	营销系统
5	购买家电渠道—线上商城（京东、淘宝等）	调研	网上国网 App、国网电商平台及其他第三方渠道
6	购买家电渠道—线下品牌专卖店（海尔、格力线下店）	调研	网上国网 App、国网电商平台及其他第三方渠道
7	购买家电渠道—线下商城（国美、苏宁商城店）	调研	网上国网 App、国网电商平台及其他第三方渠道
8	更替家电原因—功能损坏或性能降低	调研	网上国网 App、国网电商平台及其他第三方渠道
9	更替家电原因—产品周期性迭代	调研	网上国网 App、国网电商平台及其他第三方渠道
10	更替家电原因—有打折活动	调研	网上国网 App、国网电商平台及其他第三方渠道
11	购买家电决策因素—价格	调研	网上国网 App、国网电商平台及其他第三方渠道
12	购买家电决策因素—品牌	调研	网上国网 App、国网电商平台及其他第三方渠道
13	购买家电决策因素—能源消耗	调研	网上国网 App、国网电商平台及其他第三方渠道
14	购买家电决策因素—容量大小	调研	网上国网 App、国网电商平台及其他第三方渠道
15	购买家电决策因素—售后	调研	网上国网 App、国网电商平台及其他第三方渠道
16	购买家电决策因素—款式	调研	网上国网 App、国网电商平台及其他第三方渠道
17	绿色产品消费偏好—低碳环保、愿意优先选择	调研	网上国网 App、国网电商平台及其他第三方渠道
18	绿色产品消费偏好—产品性能更好的状态下考虑	调研	网上国网 App、国网电商平台及其他第三方渠道
19	绿色产品消费偏好—比普通家电贵10%，就不考虑	调研	网上国网 App、国网电商平台及其他第三方渠道
20	绿色产品消费偏好—没有节能消费偏好	调研	网上国网 App、国网电商平台及其他第三方渠道

（三）研究方案

1. 数据获取

内部数据基于"浙电云"平台开放数据处理服务（open data processing service，ODPS），获取营销业务应用系统、用电信息采集系统数据库访问权限后，通过输入相应 ODPS 函数查看表字段信息和读取表数据。共融合 3 个业务系统（营销业务系统、用电信息采集系统、标签库系统），获取源表 13 张，提取字段信息 14 个，客户标签信息 5 个。

提取的字段包括户号、供电编码、是否新装用户、峰谷用户、一户多人口标识、一年总电量、近一年总电量标准差、月电量最大值、月电量最小值、总电费、无电量用户、当前阶梯、去年最大阶梯、按时交费标签、逾期交费行为标签、掌上电力 App 绑定标签、微信绑定标签、交费渠道偏好标签等。

外部数据经与多方沟通，与政企数据平台信息共享，并与综合能源服务公司及美的、格力等 14 家厂商开展服务对接，通过采集系统获取大量用户终端设备的分钟级家电数据。此外，还以节能家电销售数据为指导，依托"网上国网"主入口优势，面向省内低压居民用户，通过节能家电的消费偏好调研等形式获取外部数据，共有效匹配用电用户的 5101 户，有效字段 30 个，分别为户号、性别、年龄段、学历、居住人口、可支配月收入、购买过的节能家电类型、购买家电渠道、购买家电决策因素、是否了解节能家电补贴政策等。

2. 数据准备

以参与调研的低压居民用户为研究样本，融合内外部平台样本数据信息，对样本数据进行预处理。

（1）数据清洗。数据清洗包括处理缺失值，检测并清除异常值，具体工作如下。

1）筛选出有效并且唯一的户号。以调研收集到的户号为样本范围，剔除与用电用户主表不匹配的户号，剔除已销户的户号，剔除已停电的户号。

2）清洗出低压居民类别的用户。剔除类别为高压和非低压居民用户，以及剔除地址里带有车库、车棚、工作室、房产、公司等字样的低压居民用户。

3）空值处理。剔除统计时发现没有阶梯信息的一户多表居民用户；剔除统计时发现由于当月刚复电导致居民的总用电量值显示为空（不显示为零度）的居民用户。

（2）数据离散化处理。数据离散化处理的具体工作如下。

1）数据分组。将用户的年龄、户龄、收入、受教育程度、常住人口、支付渠道偏好、当前阶梯与去年最大阶梯，按照分布数列和变量分布数划分成不同的组别。

2）数据分类。定类型数据是指没有内在固有大小或高低顺序，一般以数值或字符表示的分类数据。本模型将性别中的男和女分别用"1"和"0"表示，将有无节能产品购买偏好分别用"1"和"0"处理表示。

3）聚集数据。计算该用户近一年时间的总电量、月最大用电量和月最小用电量。

4）标准差（standard deviation）。计算 12 个月电量偏离平均数的距离（离均差）的平均数，它是离差平方和平均后的方根，用于反映一个用户用电数据集的离散程度，间接反映该用户的用电波动情况。

（3）数据降维，进行指标体系筛选。

3. 模型构建

第一步，联接营销系统、用电采集系统、标签库系统等平台，建立多源数据集，并通过线上调研方式获取测试与验证数据样本。本项目将样本数据中有节能家电偏好客户分为强意愿、较强意愿、一般意愿、无意愿四个等级，并将有意愿的用户均纳入目标客户的范畴，以二分类算法应用。

第二步，建模型。使用全量维度载入适应于二分类问题的逻辑回归、随机森林和 XGBoost 算法，针对每一个算法的参数进行深度调优。从技术原理到实际算法评估结果均表明，随机森林出现过拟合的情况；逻辑回归与 XGBoost 算法得分相近，但后者准确率高、耗时更短、效率更高，综合评估效果更好。结合模型技术原理、历史经验及项目数据条件，最终选定 XGBoost 集成学习算法进行分类模型构建。XGBoost 集成学习法是结合多个弱学习器给出最终的学习结果，不管任务是分类或回归，来构建最优 Boosting 模型。适用于 dataframe 数据类型，用梯度提升决策树（gradient boosting decision tree，GBDT）实现算法。XGBoost 算法逻辑流程图如图 3-16 所示。

通过算法的应用，我们将指标按照与"有节能家电消费倾向"这个识别结果相关程度进行排序，得到各指标对模型结果影响程度对比情况如 3-17 所示。

通过测试多个阈值，按重要性测试每个特征子集，从所有特征开始，以最重要的特征子集结束，模型的性能通常随着所选特征的数量而下降。本书案例从 49 个指标中，经过模型筛选出 10 个指标进行数据建模，对应的指标分别是最大电量、购买家电决策因素的款式、是否了解节能补贴政策、是否应该推广绿色消费、购买家电决策因素的能耗、购买者年龄在 25 岁以下、购买过大型家电如节能冰箱、电量标准差、通常购买渠道即线上购买和支付宝交费渠道偏好。

在训练集样本中，共预测了 1426 个目标样本，在训练集上评估为 68.45%，在测试集评估为 68.09%，没有出现过拟合和欠拟合的情况。另外，KFold 交叉验证法验证模型的效果为 67.78%，相比之前提升了 0.34%。

另外，还使用了混淆矩阵法评估模型的效果（见表 3-25）。其中，样本中实际潜力节能家电用户总数为 824 家，正确预测出潜力节能家电用户数为 690 家。最终模型测试集中命中率 ACC 为 66.3%，准确率 PPV 为 80.3%，覆盖率 Recall 为 67.5%。

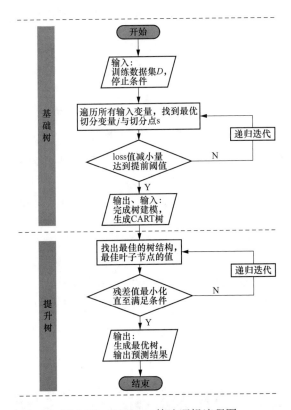

图 3-16　XGBoost 算法逻辑流程图

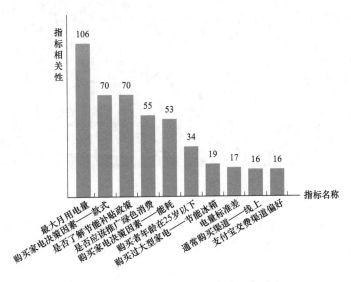

图 3-17　各指标对模型结果影响程度对比

表 3-25 评估结果：混淆矩阵法

混淆矩阵		真实值	
		潜力节能家电用户 （正样本）	无潜力节能家电用户 （负样本）
预测值	潜力节能家电用户 （正样本）	690	134
	无潜力节能家电用户 （负样本）	321	281

正确预测出潜力节能家电用户数 690 户/实际潜力节能家电 824 户。

命中率（ACC＝68.09%）：正确预测出潜力节能家电用户数 690 户/总预测样本 1426 户。

覆盖率（Recall＝68.24%）：正确预测出潜力节能家电用户数 690 户/模型预测对的用户 1101 户。

（四）应用成效

（1）本书案例采用"多源数据＋通用算法"的建模思路，最终生成有节能家电消费偏好的用户特征，并将所生成的用户标签，以及相关标签字段集成到客户标签库系统中，在具体客户的画像界面，我们也可以通过该客户的标签信息，开展精准营销。图 3-18 为客户画像。

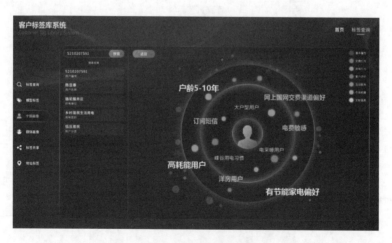

图 3-18 客户画像

（2）通过模型输出结果将具有购买节能家电意向的客户聚类为同个子集，再根据预测得到的影响客户购买节能家电最主要因素，分别打上价格偏好、能源消耗敏感、绿色偏好、售后偏好、款式偏好等标签。结合营销管理系统标签库中高收入人群、高能耗、电费敏感等标签，对不同客户使用不同营销策略。

三、基于历史数据集的电能表异常关联分析

(一) 问题的提出与分析

1. 业务背景

在电费计量中，电能表可能存在时钟异常、电池欠压等异常问题，会影响计量准确性，容易引发客户不满，不利于企业的社会形象。供电公司每年有大量的电能表面临到期拆回检定，按照常规的方式方法，存在着更换量大、成本投入高，以及无法预计的换表电量损失与优质供电服务影响等问题。目前依据国家有关检定规程及国家电网公司相关技术规范，都只针对单只被检电能表给出检定结果，缺乏宏观的大数据分析结果，无法对各电能表供应厂商整体电能表质量进行综合评价。

随着大数据、人工智能等新兴数据挖掘与分析技术的不断创新发展，为电力行业业务创新、智能化辅助决策、服务能力提升、市场竞争力增强等方面的发展提供无限空间，因此依托信息化和大数据分析方法，如何建立电能表智能更换体系、科学运用离散因素进行分析研究，为电能表更换和厂家质量研判提供有力的技术支撑，是各级供电企业亟待解决的问题。

2. 总体思路

运用 BP 神经网络等算法对各厂家电能表的历史数据集进行机器学习，通过故障类型、厂家故障率、平均使用寿命和运行环境情况进行建模分析，测评电能表换表优先级，研判电能表厂家质量，为电能表故障智慧运维和提升客户用电满意度提供科学支撑，从而推动企业的高质量发展，实现用户与供电部门的双赢。

(二) 数据概况

本书案例使用的研究数据包括故障类型、厂家故障率、平均使用寿命和运行环境 4 类数据，经过数据加工清洗后形成表计异常关联度分析基础数据表如表 3-26 所示。

表 3-26　　　　　　　　　　　表计异常关联度分析基础数据表

序号	需求字段	数据来源	是否线上数据
1	户号	用电信息采集系统	是
2	单位		
3	异常类型		
4	异常等级		
5	发生时间		
6	设备编号		
7	设备厂家		
8	设备型号		
9	生产批次		

续表

序号	需求字段	数据来源	是否线上数据
10	资产编号		
11	生产厂家		
12	设备型号		
13	生产批次	营销业务应用系统	是
14	投运日期		
15	拆回日期		
16	电能表类型		
...			

（三）研究方案

1. 数据获取

主要通过营销业务应用系统、用电信息采集系统获取。

（1）故障类型。从用电信息采集系统中查询某地近两年的数据，统计分析不同用户类型下电能表的故障分布情况，如图3-19、图3-20所示。

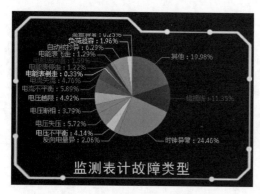

图3-19　高压用户电能表故障分布　　　　图3-20　低压用户电能表故障分布

鉴于电能表飞走、倒走、停走、需量异常等故障直接影响电费的结算，因此将故障类型作为厂家电能表质量研判的一个因素，根据故障类型占比得到电能表故障类型权重如表3-27所示。

表3-27　　　　　　　　　　电能表故障类型权重

序号	故障类型	权重
1	电能表飞走	0.99
2	电能表倒走	0.99
3	电能表停走	0.99
4	需量异常	0.99

序号	故障类型	权重
5	电压断相	0.83
6	电流失流	0.82
7	其他错接线	0.79
···		

从用电信息采集系统中获取某地近十年电能表故障数据共计 135193 条，根据智能电能表技术规范要求，进行厂家分组统计得出故障率最高的 TOP10。根据厂家故障率的统计结果，按不同的阶段划分出不同的权重，故障率在 2.5% 以上的划分为一档，故障率在 1.5%～2.5% 之间的划分为一档，故障率在 1%～1.5% 以上的划分为一档，故障率在 1% 以下的划分为一档，结果厂家故障率权重如表 3-28 所示。

表 3-28 厂家故障率权重

序号	故障率	权重
1	故障率 2.5% 以上	1
2	故障率 1.5%～2.5%	0.98
3	故障率 1%～1.5%	0.96
4	故障率 1% 以下	0.94

通过用电信息采集系统统计出在不同厂家电能表的平均使用寿命，以两家电能表厂商为例，计算其平均使用寿命分别为 46.23 个月、34.44 个月，统计故障发生时间的规律。

根据不同厂家的电能表平均使用寿命情况，划分出不同的权重，平均使用寿命大于50 个月为一档，平均使用寿命在 40～50 个月为一档，平均使用寿命在 30～40 个月为一档，平均使用寿命低于 30 个月的为一档，结果平均使用寿命权重如表 3-29 所示。

表 3-29 平均使用寿命权重

序号	平均使用寿命	权重
1	使用寿命大于 50 个月	1
2	使用寿命在 40～50 个月之间	0.93
3	使用寿命在 30～40 个月之间	0.84
4	使用寿命小于 30 个月	0.72

不同运行环境下，电能表发生故障的概率不同，故将运行环境作为换表优先级的一个因素。通过百度地图开放平台地理编码功能，批量将用户地址从文本转换成二维经纬度保存。以海边用户为例，将用户所处环境分为沿海 3 千米、沿海 3～5 千米、沿海 5 千

米以上，将不同类型所属的区域结合用户的经纬度数据，计算出用户所处的地理环境。同时，利用球面距离公式，计算出用户的二级地理环境，如电能表331010×××，运行环境为沿海3千米区域。针对厂家电能表在不同运行环境下故障发生的概率，对应进行权重赋值，得到不同运行环境的权重如表3-30所示。

表 3-30 不同运行环境的权重

序号	运行环境	权重
1	沿海 3 千米	1
2	沿海 3~5 千米	0.95
3	沿海 5 千米以上	0.86

2. 数据准备

经过数据加工清洗后形成表计异常关联度分析基础数据表（见表3-26）（已在数据概况中说明）。

3. 模型构建

（1）换表优先级分析。根据厂家故障率、平均使用寿命、运行环境3类数据进行建模分析，预测出临近换表的电能表，采用BP神经网络算法对各厂家的电能表的历史数据集进行机器学习，从而预测出相应厂家电能表更换时间，并以先后顺序进行展示，使基层工作人员能够按照数据分析给出的建议优先处理排名较为靠前的电能表，以技术辅助决策。

初始化网络的结构和权值，构建一个包含输入层、隐藏层与输出层的三层前向式神经网络。对于数据集 $D=\{(x_1, y_1), (x_2, y_2), \cdots, (x_n, y_n)\}$，其中，$x_n \in R_d$、$y_n \in R_l$ 分别表示由 $d=3$ 个属性组成的输入量，$l=1$ 维的实值输出变量。3个不同属性的输入变量分别为厂家故障率、平均使用寿命、运行环境。1维输出量即为电能表使用寿命。因此，构建出如图3-21所示的BP神经网络模型图，其中第一层为输入层，对应 d 维的输入量 x_n；第二层为隐藏层，隐藏层神经元个数为输入层的经验值；第三层为输出层，对应 l 维的输出变量 y_n，即电能表使用寿命作为输出神经元。根据输入样本前向计算BP网络每层神经元的输入信号和输出信号，计算反向误差。其中，如果误差小于给定值或迭代次数超过设定值，则结束学习，最终对权值进行修正，以此得出使用寿命最短的电能表，其换表优先级最高。

为了验证算法准确性、实用性，选择截至2018年12月在用电能表业务数据输入算法进行运算，使用2019年1—6月故障换表的数据进行校验，用以对算法进行验证。表3-31展示的换表优先级历史数据回测结果为优先级最高的前10条换表数据，验证后的结果见表3-31（其中，优先级最高为10，最低为0）。

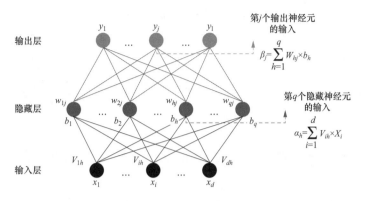

图 3-21　BP 神经网络模型结构图

表 3-31　　　　　　　　　　　　换表优先级历史数据回测

户主	用户地址	优先级	电能表厂家	换表日期
用户 1	地址 1	9.6	安×	2019-01-26
用户 2	地址 2	9.1	杭××华	2019-03-20
用户 3	地址 3	8.8	江××阳	无
用户 4	地址 4	8.8	宁××星	2019-05-14
用户 5	地址 5	8.5	长××胜	无
用户 6	地址 6	8.4	杭××华	2019-05-16
用户 7	地址 7	8.3	怀××南	无
用户 8	地址 8	8.3	福×能	无
用户 9	地址 9	7.6	安×	无
用户 10	地址 10	7.5	天×团	无

从表 3-31 中可看出，换表优先级越高，实际发生故障的概率越高，经过多次历史数据验证对比，采用 BP 神经网络算法对换表优先级进行预测有较明显的效果，但算法模型同时也需要继续优化提高。图 3-22 为 BP 神经网络算法预测的换表优先级预测结果，根据优先级评分可为电能表更换提供辅助决策。

序号	户主	用户地址	优先级	表计厂家
1	*秀亭	浙江省舟山市岱山县衢山镇太平**黄沙村打水村	8.9	南京宇能
2	舟山****社	浙江省舟山市定海区册子乡桃天**区桃天门村	8.8	浙江正泰
3	*阿堂	浙江省舟山县衢山镇太**区三弄村	8.6	宁波三星
4	*茂恩	浙江省舟山市岱山县高亭镇闸**区顺福路105号	8.2	浙江正泰
5	*静达	浙江省舟山县岱西**山社区俞家村80号	8.2	杭州百富

图 3-22　换表优先级预测结果

（2）厂家电能表质量研判。建立电能表质量评价因子体系。考虑各方面的电能表质量影响因素，建立电能表质量评价因子体系，通过对从事电能表质量检测的专家学者及电能表维修一线的管理人员进行征询，构建了电能表质量评价因子体系如表 3-32 所示。

表 3-32   电能表质量评价因子体系

目标层	准则层	因子层
电能表质量评价	可靠性	故障类型（C1）
		厂家故障率（C2）
		平均使用寿命（C3）
		运行环境（C4）

基于层次分析法确定评价因子权重。确定因子权重是进行电能表综合评价的前提，决定着评价结果的合理性与可靠性。

第一步，构造成对比较矩阵：比较第 i 个元素与第 j 个元素相对上一层某个因素的重要性时，使用数量化的相对权重 a_{ij} 来描述。设共有 n 个元素参与比较，则称为成对比较矩阵。$a_{ij}=1$，元素 i 与元素 j 对上一层次因素的重要性相同；$a_{ij}=3$，元素 i 比元素 j 略重要；$a_{ij}=5$，元素 i 比元素 j 重要；$a_{ij}=7$，元素 i 比元素 j 重要得多；$a_{ij}=9$，元素 i 比元素 j 的极其重要；若因素 i 与因素 j 的重要性之比为 a_{ij}，那么因素 j 与因素 i 重要性之比为 $1/a_{ij}$。

第二步，计算比较结果，层次分析法比较矩阵及权重计算结果如表 3-33 所示。

表 3-33   层次分析法比较矩阵及权重计算结果

因素集	比较结果				权重
	故障类型（C1）	厂家故障率（C2）	平均使用寿命（C3）	运行环境（C4）	
故障类型（C1）	1	1/5	1/3	5	0.23
厂家故障率（C2）	3	1	3	3	0.36
平均使用寿命（C3）	3	1/3	1	5	0.34
运行环境（C4）	1/3	1/3	1/5	1	0.07

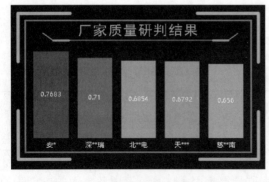

图 3-23 厂家质量研判结果 TOP5

电能表质量模糊综合评价。根据各项因子确定的权重，选取合适的隶属度函数进行电能表质量模糊综合评价排名，同时采用线性加权法对各厂家的电能表进行综合分析得到厂家电能表质量综合得分，并进行相应排序，得出厂家质量研判结果 TOP5，如图 3-23 所示。

（四）应用成效

1. 厂家电能表质量研判，科学评价

通过对电能表质量模糊综合评价等算法计算出各厂家电能表的质量得分，可以作为给供应商评价的一个重要参考依据。同时省计量中心可根据不同区域特点开展电能表差异配送，向沿海、山地等特殊地区配送质量得分较高的电能表。

2. 实现电能表智能轮换，降低企业运营成本

通过 BP 神经网络算法对电能表的故障发生概率进行预测，计算出合理的换表优先级，经过数据验证，准确率达到 45%～56%，为供电公司电能表管理模式从"周期轮换"向"智能轮换"转变提供一个方案。按照"智能轮换"模式，可延长电能表的运行周期并减少更换工作量。

3. 计量精益管理，提升客户满意度

电能表的准确计量是供用电双方共同关注的焦点，对电能表进行故障预测，实现提前处理，可减少因电能表质量问题引起的抢修、投诉等工单，降低投诉风险、减少电费退补，提升客户服务满意度。

四、基于大数据挖掘的电量预测模型

（一）问题的提出与分析

电量预测是电力系统的重要组成部分，准确的电量预测能合理科学地进行发电、输电和电能分配安排，保障人民生活和社会正常生产，保证电网经济运行，提高社会和经济效益。由于影响电量的不确定因素较多，如天气、经济、节假日、社会事件及相关政策等因素，加上各地区地方特色，精准的电量预测一直以来都是业界的难题。如何突破现状，提升预测精度成为目前研究的主要内容。

围绕提升电量预测精准度的目标，按照处理数据、选择特征、建立模型、优化模型、应用模型的思路开展研究。依托成熟的大数据分析技术和数据挖掘技术开展电量预测，分析实际年度、半年度、季度电量数据特点，与规模以上工业增加值、固定资产投资、社会消费品总额、出口总值等经济数据关系，全方位挖掘影响电量的因素。在完成处理数据和特征选择后，通过 11 种回归和预测方法对电量进行预测，筛选出小波分析、ARIMA、Stacking 组合模型等三种较为适合的算法模型，并进行模型融合测算，同时结合近 4 年某地区特有的电量、经济等信息，在原有模型的基础上新增多项关联特征值，并根据结果优化模型参数，取得较好预测结果。

（二）数据概况

研究数据涉及以下两组数据。

第一组数据是中西部某区域电网公司的区域电量数据与区域经济数据，数据类型为数字型的结构化数据，数据的维度主要包括年、季、月等维度数据。数据共有 55 行 6 列，总大小 3KB。

第二组数据是某电力公司 2016 年 1 月至 2019 年 7 月的全社会用电量、网供用电量、小水电、小火电、其他发电及平均温度、最高温度、最低温度、超 34℃天数、晴好天数和降雨天数、区域经济数据（GDP）等。数据共有 48 行 15 列，总大小 102KB。

（三）研究方案

1. 数据处理

第一组数据预处理过程：一是按季度、半年度、年度等维度对电量值进行汇总，匹配区域经济数据；二是对所有数据采用 MinMaxScaler 方法进行归一化处理。

第二组数据预处理过程：一是将天气数据进行处理匹配相关电量数据；二是按时间维度将区域经济数据匹配电量数据；三是对所有数据采用 MinMaxScaler 方法进行归一化处理。

2. 模型构建

根据 11 种测试结果的最终误差精度，决定采用三种模型分别对月电量数据进行预测：一是应用小波理论对原序列进行分解，对分解后的细节进行预测并重构，得到预测结果；二是应用差分移动平均自回归模型 ARIMA 对电量进行预测；三是应用若干线性回归作为第一层基学习器，L1 回归作为第二层学习器的 Stacking 组合模型进行预测。电量预测整体思路图如图 3-24 所示。

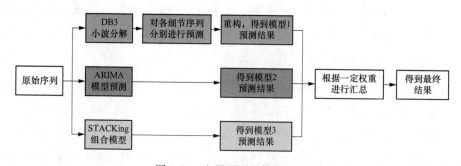

图 3-24 电量预测整体思路图

结合三种模型数据结果的特点，按照一定的权重比例进行赋权，得到最终电量预测结果。

（1）小波分析。通过小波基的伸缩平移运算，对信号（函数）逐步进行多尺度细化，最终达到高频处时间细分，低频处频率细分。相比傅里叶分析，可通过对小波分析的缩放保证在高低频的分解效果，避免测不准效应。但需要一定的样本量序列，在信号的前后端存在失真需要进行处理，需选择合理的模型进行预测。图 3-25 为小波分析细节图。

确定用于小波分析的单独模型，将中西部某区域电网公司 2014 年 1 月至 2018 年 2 月小波分解细节作为训练集，2014 年 1 月至 2018 年 7 月分解细节作为测试集，计算各单独模型预测效果（见图 3-26），得到对各细节分量 L1、极致梯度提升（eXtreme Gradient Boosting，XGB）、梯度提升回归（Gradient Boosting Regression，GBR）、梯度提升框架（Light GBM，LGB）模型预测效果相对较好。

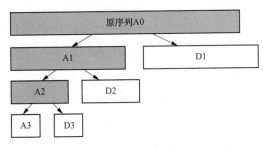

图 3-25　小波分析细节图

	小波	L1	L2	梯度提升回归	Light梯度提升	GM11	极致梯度提升
0	A3	4.994411	7.241291	27.108534	27.858464	5.172399	15.306866
1	D3	0.604411	0.599308	0.550199	0.551472	0.545449	0.391832
2	D2	1.603958	1.602042	1.562062	1.561676	1.573185	1.887358
3	D1	0.688225	0.687648	0.642231	0.646615	0.641505	0.657880

图 3-26　单独模型预测效果

经过对比选择，决定使用 DB3 小波、镜像法延展进行小波分解（见图 3-27），以此分解出中、低频信号规律性相对较好，但高频信号仍有较大随机性。

根据误差测试结果，决定对 A3 细节采用 Lasso 回归，D3 细节采用 XGBOOST 模型，D2 细节采用 GBR 回归，D1 细节采用 LGB 回归。DB3 小波分析模型融合如图 3-28 所示。

模型测试及预测，用小波分析对 2018 年 3—7 月的 5 个月电量进行预测，得到均方根误差（RMS）是 2.48，平均绝对百分误差（MAPE）是 3.06%。小波分析模型实际曲线与预测曲线如图 3-29 所示。

（2）ARIMA 模型。ARIMA 模型中，AR 为自回归，MA 为滑动平均，d 为使之成为平稳序列所做的差分次数（阶数）。对规律性、周期性较强的时间序列预测能力较强。对非周期分量预测效果不好，不适宜单独使用该模型进行预测，需结合其他模型使用其他特征值。本书在分析中采用的 ARIMA 模型，为自回归模型、移动平均模型和差分法结合，其模型 ARIMA（p，d，q），其中 d 是需要对数据进行差分的阶数。

模型测试及预测，用 ARIMA 模型对 5 个月电量进行预测，得到均方根误差（RMS）是 2.69，平均绝对百分误差（MAPE）是 3.26%。ARIMA 模型实际曲线与预测曲线如 3-30 所示。

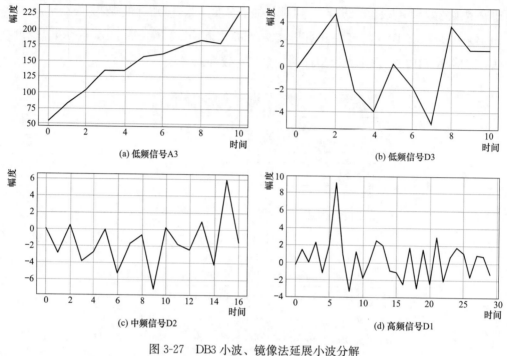

图 3-27 DB3 小波、镜像法延展小波分解

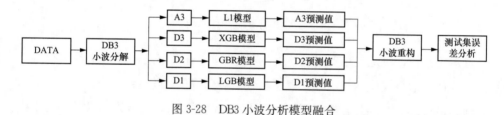

图 3-28 DB3 小波分析模型融合

图 3-29 小波分析模型实际曲线与预测曲线

（3）Stacking 模型。Stacking 是一种树形集成学习方法，以初级训练集训练出初级学习器，其预测结果生成一个新的数据集训练刺激学习器。一是使用交叉验证方法构造，稳健性强；二是可以结合多个模型判断结果，进行次级训练，效果好。初级学习器选择情况对输出影响极大，需要精心选择。

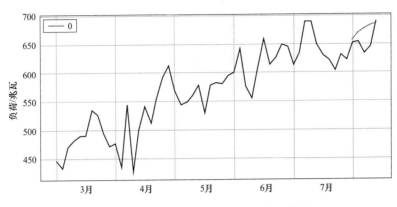

图 3-30　ARIMA 模型实际曲线与预测曲线

Stacking 第一层和第二层模型选择。根据测试结果，决定采用单一模型预测误差最低的 LGB、GBR、L1 回归作为第一层学习器，将 L1 回归作为第二层学习器。Stacking 多模型融合过程如图 3-31 所示。

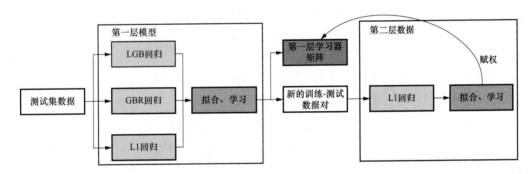

图 3-31　多模型融合过程

模型测试及预测。用 Stacking 集中程序对 2018 年 3 月至 7 月的 5 个月电量进行预测，得到均方根误差（RMS）是 1.35，平均绝对百分误差（MAPE）是 1.70％。Stacking 模型实际曲线与预测曲线如图 3-32 所示。

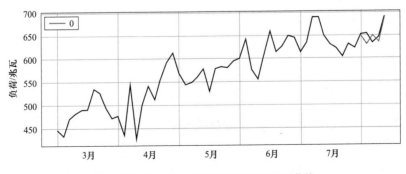

图 3-32　Stacking 模型实际曲线与预测曲线

（4）最终预测结果。采用随机搜索法确定三种模型的权重，最终得到 0.2×小波＋0.2×ARIMA＋0.6×Stacking 的权重分配得到的测试集误差最小。按此权重分配，综合利用小波分析、ARIMA 模型、Stacking 模型预测中西部某区域电网公司 5 个月的电量最终预测结果如图 3-33 所示。

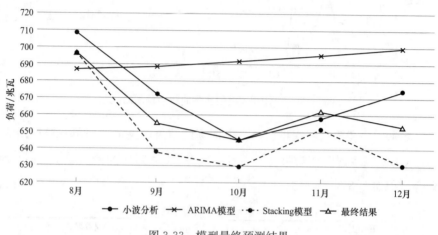

图 3-33　模型最终预测结果

（5）模型的完善。在初步完成模型的搭建和测试后，我们继续完善特征值、优化模型参数、将本项目应用于实战当中。

完善特征值，实际工作中电量预测问题可以选择其他的一些特征值，结合公司实际，补充以下 6 项数据作为特征值：平均温度、最高温度、最低温度、超 34℃的天数、晴好天数、降雨天数。

优化参数，主要通过人工观察法结合 skleran 提供的网格搜索模块来优化模型参数。网格搜索（grid search）是以穷举的方式遍历所有可能的参数组合，优化参数如图 3-34 所示。

```
param_grid=[
    {'C':[1,10,100,1000],'kernel':['linear']},
    {'C':[1,10,100,1000],'gamma':[0.001,0.0001],'kernel':['rbf']},
]
```

图 3-34　优化参数

通过网格搜索，确定的主要模型超参数示例如下：

num_leaves＝5,learning_rate＝0.05,n_estimators＝600,max_bin＝50,bagging_fraction＝0.6,bagging_freq＝5,feature_fraction＝0.25,feature_fraction_seed＝9,bagging_seed＝9,min_data_in_leaf＝2,min_sum_hessian_in_leaf＝1,wavelet='db3',pywt.mode='smooth'。

（四）应用成效

（1）将增加特征值、优化超参数的电量预测模型应用于某供电公司月度售电量预测实战，得到年度预测结果如图 3-35 所示。

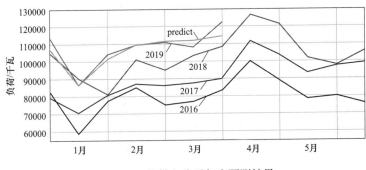

图 3-35　某供电公司年度预测结果

经过计算，2019 年 1—6 月预测均方根误差（RMS）是 4284，平均绝对百分误差（MAPE）是 1.96％。取得了较好的效果，优于 5％的预期值。

（2）支撑公司经营决策。将电量预测结果推送至营销、调控、发展部等部门，辅助各部门精准制订后续生产计划等；将电量预测结果与经济预测结果推送至政府部门，给政府部门提供决策支撑。

（3）保障优质服务。不仅能为客户提供更优质的服务，提高基层班组的工作效率，还极大地促进了电力公司的核心竞争力。电量预测精度进一步提升，将给企业带来更多的效益。

第三节　企业经营领域

一、基于 AdaBoost 的电力专用 SIM 卡大数据智能分析

（一）问题的提出与分析

随着新型电力系统建设不断深入，大量新型终端设备接入电网，电力专用 SIM 卡使用数量已猛增至 13 万余张，每年 SIM 卡成本费用达百万元数量级，涉及三大运营商（联通、移动和电信），包括 20 余类套餐，价格从几元到上百元不等，套餐内流量从 15MB 到 20G 不等，涵盖多个不同部门，涉及移动作业终端、智能配电变压器终端、专用变压器终端、Ⅰ型集中器、Ⅱ型集中器、故障指示器、新型智能开关等多种用途。

电力专用 SIM 卡最初主要用于集抄业务，该业务模式稳定，所需流量套餐单一（15MB 或 30MB）。但随着近几年新兴业务的增长，各类新型采集器和智能终端被大量

运用于电力生产中，如移动作业终端、新型融合终端、巡检机器人、无人机、线路监控微拍装、布控球，以及百万秒级负控等基于 5G 切片技术的各种应用场景，均需要大流量的 SIM 卡支撑，其单张的流量需求往往是 1G 至 30G 不等，套餐价格从十几元至一百多元。相较于传统的小流量集抄及公用/专用变压器电量采集、状态监控类数据采集，其流量及资费用呈指数级跃升。目前，在用的 13 万张 SIM 卡中，1G 以上的大流量专用卡已接近 3000 张，占比 2.2%，但其资费已达约 16 万元，资费占比达 32%。

随着新兴业务的快速增长，SIM 卡涉及业务变得更加多元化，套餐种类众多。各业务部门对使用场景差异和终端工况的不确定性，导致 SIM 卡申请完全依赖于申请人的个人经验，对每批 SIM 卡的流量需求很难做出精准判断，往往选择提档申领，造成 SIM 卡实际使用流量与所申请套餐流量不匹配，进而导致资费浪费。由此看出，原有的业务管理模式已经无法适应现今快速增长的新业务场景，难以对新兴业务 SIM 卡的套餐选择做出指导意见。而且由于 SIM 卡数量庞大，数据量达几十万条，光靠人工难以实现科学高效管理。因此，亟须一种精准高效的方法对新兴业务的 SIM 卡做出最优的套餐推荐。

此外，由于用卡量基数庞大，传统的粗放式管理下存在申请流量与实际需求流量不匹配，高配低用、低配高用，以及未及时销户而形成的 0 流量闲置卡等历史遗留问题，而目前也缺乏有效手段精确判断已有 SIM 卡套餐是否合适，以及如何调整套餐。

为解决上述问题，可采取以下思路。

（1）对新申请的 SIM 卡进行最优套餐推荐。根据以往 SIM 卡套餐数据进行数据挖掘，利用机器学习技术刻画每一类 SIM 卡的使用行为特征，对业务部门新申请 SIM 卡套餐进行预测。在套餐申请阶段就对 SIM 卡套餐做出推荐，从源头上降低资费，最大程度保证提质增效目标落到实处。

（2）为存量待优化 SIM 卡重新评估并选择最优套餐。利用大数据挖掘算法和机器学习算法，根据各个套餐的价格和流量情况进行重新评估，精准计算每张 SIM 卡所适用的最优套餐，对套餐设置不合理的 SIM 卡进行最优套餐的推荐，在提高流量利用率的同时节省成本，从而达到提质增效的目的。成本优化 SIM 卡套餐推荐方案流程如图 3-36 所示。

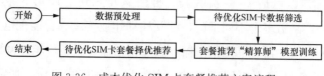

图 3-36　成本优化 SIM 卡套餐推荐方案流程

（二）数据概况

本书研究数据主要来源于某地区供电公司所有在运行电力专用 SIM 卡数据。不同运营商 SIM 卡数量占比示意图如图 3-37 所示。其中，中国移动 SIM 卡数量占比最大，约有 68.48%；中国联通 SIM 卡数量占比第二，有 26.94%；中国电信 SIM 卡数量占比最少，只有 4.58%。由于中国移动的 SIM 卡数量占比最大，本书着重对中国移动 SIM 卡数据进行分析挖掘，共涵盖 SIM 卡数量 90692 张，数据条数 27 万余条。

经过分析，图 3-38 显示了 SIM 卡不同套餐的数量占比，可以看出大多数 SIM 卡所属套餐都是 2.2 元（15MB）和 2.7 元（30MB）套餐。

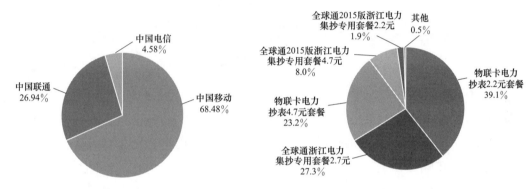

图 3-37　不同类别待优化 SIM 卡数量占比示意图　　　图 3-38　SIM 卡套餐数占比

（三）研究方案

实施方案共分为数据预处理、待优化 SIM 卡数据筛选、套餐推荐"精算师"模型训练、待优化 SIM 卡套餐择优推荐四个步骤。各步骤具体目标与实施内容如下。

1. 数据预处理

为保证模型计算结果的有效性，对原始数据进行预处理，主要包括：

（1）数据清洗。数据清洗是对原始数据中的明显错误值、缺失值、异常值、可疑数据，选择合适的方法进行清理，也包括对重复记录进行删除。在本小组数据清洗过程中具体方法如下：

1）去除唯一属性。唯一属性通常是一些 ID 属性，这些属性并不能刻画样本自身的分布规律，如 SIM 卡所绑定的 IP 号、SIM 申请人、SIM 卡使用人等，所以简单地删除这些属性即可。

2）去除无用属性。无用属性指该 SIM 卡中一些共有且不对样本分布造成影响的通用属性，如 SIM 卡的位数等，也将其简单删除即可。

3）异常数据识别。若某张 SIM 卡有暂未激活等异常情况，则对该数据进行剔除。

（2）数据类别标签化。数据类别标签化是根据统计学级联方式，通过多表查询，将所有 SIM 卡的所属类别由原先文本形式进行重新标签化，映射至数字，以便后续机器学习进行模型训练。

最终处理过后的数据特征主要包含：卡号、实际流量 1、实际费用 1、实际流量 2、实际费用 2、实际流量 3、实际费用 3、所属套餐类别。其中，实际费用和实际流量包含连续三个月的数据，让数据包含更多随时间变化的信息，从而让算法能够根据历史数据做出更精准的判断。如此就将 27 万余条数据整合为 9 万余条数据信息。

SIM 卡整体数据特征属性如图 3-39 所示。

图 3-39　SIM 卡数据特征示意图

2. 筛选待优化数据

在经过预处理后的数据中包含了套餐选用合理的 SIM 卡，但同时也存在着大量待优化套餐的 SIM 卡数据，因此准确筛选出合理 SIM 卡和待优化 SIM 卡对后续套餐推荐至关重要。而如何界定所选套餐的合理使用区间是我们所要面对的第一个难点。

一般情况下，对于类似模型的合理区间选定是人工确定的比例，但这种分类形式过于一刀切，没有充分利用大数据所包含的信息，会造成大量数据误判，而正常数据量偏少。因此，对于每个套餐的正常使用区间，我们建立了临界值加波动范围收敛模型，即我们将不同套餐按标准流量排序，根据流量与资费之间的计算规则，计算出相邻套餐之间流量使用的临界值。流量使用在临界值之下，使用低一档的套餐更优惠，而在临界值之上的，则使用高一档的套餐更优惠。在套餐间付费临界值的基础上，针对 SIM 卡每月使用的流量具有波动性的特征，对全体流量卡多月数据波动情况进行外扩，即将临界值＋波动值外界定义为合理波动区间，作为正常使用套餐的 SIM 卡判定依据。套餐合理值区间判定示意图如图 3-40 所示。

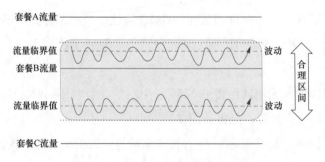

图 3-40　套餐合理值区间判定示意图

待优化 SIM 卡筛选判别依据为：对于选用该套餐的 SIM 卡，若其连续 3 个月流量都在这个合理范围内，则定义该卡为正常卡，若有一个月或多个月流量使用情况不在该区间内，则可判定为待优化卡，即套餐选用不合理。

经过数据筛选，本书对待优化 SIM 卡种类及套餐分布进行了挖掘分析。从图 3-41 展示了不同类型的待优化 SIM 卡数量占比，其总数为 21289 张。其中，实际流量低于套餐流量临界下值的占比为 77.5%，是最高的，大多数待优化 SIM 卡都是套餐流量使用率极低的情况；连续三个月 0 流量的 SIM 卡，占比为 20.7%；流量超标的 SIM 卡，占比为 1.8%。零流量卡产生有多种原因，如刚开卡还未装入终端中使用、确实长期空置不使用等情况。该地区省电力公司规定连续三个月流量为 0 的 SIM 卡判定为异常空置卡，需要进行销卡操作。该地区供电公司一直按省公司要求每月开展零流量卡的治理工作，此处客观统计了零流量 SIM 卡数量，并非未及时治理。

图 3-42 展示了待优化 SIM 卡所属不同套餐的数量分布示意图，由该图可以看出，4.7 元和 2.2 元套餐为占比最多的，说明大多数 SIM 卡都是小流量套餐。

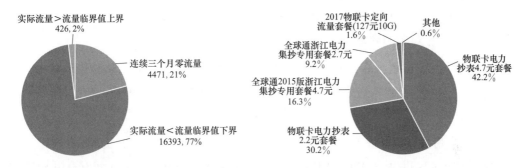

图 3-41　不同类别待优化 SIM 卡数量占比示意图　　图 3-42　待优化 SIM 卡套餐数量分布示意图

3. 套餐推荐"精算师"模型训练

当得到正常 SIM 卡数据后，对所得到的正常 SIM 卡套餐数据进行分类模型训练，学习 SIM 卡特征数据与其所属最优套餐类别之间的映射关系。

AdaBoost 算法是一种经典的集成学习算法，它将多个弱分类器集成起来，以达到较高的分类准确率，广泛应用于数据分类、人脸检测等应用中。Adaboost 算法原理示意图如图 3-43 所示。其原理为：前一个基本分类器分错的样本会得到加强，加权后的全体样本再次被用来训练下一个基本分类器。同时，在每一轮中加入一个新的弱分类器，直到达到某个预定的足够小的错误率或达到预先指定的最大迭代次数。

Adaboost 算法的优点：①可将不同的分类算法作为弱分类器，非常灵活；②很好地利用了弱分类器进行级联，相对于 Bagging 算法和 Random Forest 算法，AdaBoost 算法充分考虑每个分类器的权重，可同时降低模型的偏差和方差；③具有很高的分类精度，训练误差以指数速率下降。

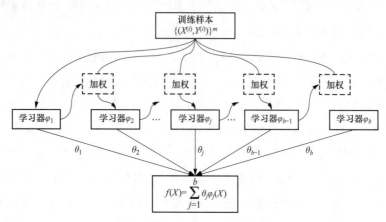

图 3-43　Adaboost 算法原理示意图

基于以上优点，本书将 Adaboost 算法应用于 SIM 卡套餐推荐"精算师"模型的训练中，将数据筛选步骤提取的正常 SIM 卡数据特征作为模型的输入，通过 Adaboost 算法训练后，最终得到最优套餐推荐模型。

4. 待优化数据择优推荐

在模型训练步骤得到套餐推荐"精算师"模型后，将在数据筛选步骤中筛选出来的待优化 SIM 卡数据提取特征输入该模型中，模型最终预测输出的套餐作为该待优化卡的最终推荐套餐。

（四）应用成效

根据对该地区供电公司现有 SIM 卡数据的挖掘分析，在假设所有电力专用 SIM 卡都可以更换套餐的前提下，经本算法对 21289 张待优化 SIM 卡进行套餐推荐后，理论上每月可以节约 4.85 万元，每年可累计节约 58.2 万元。图 3-44 展示了本项目"精算师"进行套餐推荐前后待优化 SIM 卡每月的费用，可以看出，经推荐后每月的待优化 SIM 卡费用可节省 50.47%，大幅度降低了 SIM 卡费用成本。

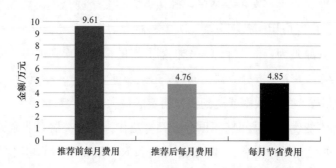

图 3-44　"精算师"推荐前后每月 SIM 卡费用对比图

同时，本算法具有高效、准确的特点。通过预处理、数据筛选、特征提取、模型训练和套餐推荐等一系列流程对所有 SIM 卡数据进行处理所需时间只需要约 1 小时。而相比于人工对每张 SIM 卡进行待优化筛选并判断合适的套餐所需要约 445.3 小时（约 18.5 天），且大量重复性劳动会导致出错率显著上升，而本算法的时间成本和人力资源成本都大幅度下降，有效地提高了工作效率和准确率，成功实现了公司降本增效的目标。"精算师"与人工进行套餐推荐所需时间对比图如图 3-45 所示。

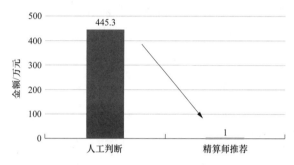

图 3-45　"精算师"与人工进行套餐推荐所需时间对比图

二、共富共享新型智慧能源站运营指数评价模型

（一）问题的提出与分析

近年来，国家政府层面上，陆续出台了一系列支持能源可持续利用和节能产业发展的相关政策，并开始逐渐显示出对国民经济的拉动作用。且随着习近平总书记在第 75 届联合国大会上提出的"3060"减排目标，"碳排放""碳耗""新能源"一下成了大家关注的热点。能源产业作为国民经济的基础产业，不仅是确保国家战略安全的必要前提，也是实现经济可持续发展的重要保障。

某市是农业大市，近年来随着农业园区的蓬勃发展，农业用能迅速增长，2023 年 1—5 月农业用电量同比增长 23%，以该市某镇的某公司为例，这是一家以工厂化模式运营的高新科技农业头部企业，全电气化的设备为植物生长提供能量供给和智能化托管。又由于现代化农业多数带有更多附加属性，如对外营业等，使得其不得享受低廉的农业电价，而以一般工商业电价计费，全部投产后，其一个月电费高达 83 万元。该市供电公司从稳定的供电保障和降低用电成本的角度出发，提出了以"清洁能源全额消纳满足用户负荷需求"的"零碳"能源供给模式，以多种能源融合组建用户侧微能网（简称微能网）。

微能网是一种由分布式能源互联构成的，且按用户需求供应能量的微型能源网络。本项目拟研究微能网能源站和能源网络规划关键技术，以能源为核心，拟开展微能网基本概念及形态机理研究，微能网能源站与能源网络规划的选址定容基础理论研究，分布式冷热电的微能网网络路径优化研究。建立微能网可以有效提高终端用户的能源利用效率，缓解区域能源供需的矛盾，促进分布式可再生能源就地消纳，保证供能的稳定性和可靠性，达到节能减排的目的。

针对用户侧能源供能形式繁多、各形式无法连通而造成的能源重复浪费、综合效率低等现象，由风电、光电、光热、热泵、热电联产、生物质发电及储能等典型分布式能源入手，研究微能网基本概念及形态机理。从系统自身、经济、社会、环境等角度分析微能网综合能效影响因素，基于此提出微能网综合能效评估的指标体系。首先，对于统计时间段内各指标的计算，采用蒙特卡洛模拟等方法，提出可靠性和非可靠性两类指标的计算方法。其次，对指标进行评价的可行性，在对比分析基于模糊集合理论、基于集对分析方法的基础上，指出不同指标评价模型的使用条件。再次，结合层次分析法和熵权法，提出指标的评价方法，确定各指标的权重。最后，采用灵敏度分析的方法，分析影响微能网综合能效的关键节点。

（二）数据概况

从经济、技术、社会、自然环境等方面的分析，确定了最终层次型的微能网综合能源利用效率评价指标体系如图 3-46 所示，包括四类一级指标，即能源效率、成本效益、

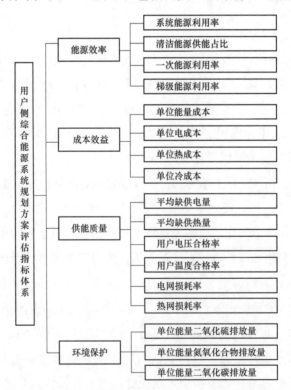

图 3-46　微能网综合能源利用效率评价指标体系

供能质量、环境保护，17 类二级指标。其中，涉及的低压负荷数据取自数据中台（表技术名称：dwd_cst_t_itf_comp_curve，项目空间：data_zj_process_prod）。

（三）研究方案

本书采用层次分析法和熵权法组合的方法确定各级指标权重，而熵权法需要结合方案的具体数据，所以本节采用层次分析法初步确定各一级指标权重，能源效率一级指标权重专家标度见表 3-34。

表 3-34 一级指标权重专家标度

一级指标名称	能源效率	成本效益	供能质量	环境保护
能源效率	1	2	3	2
成本效益	0.5	1	2	2
供能质量	0.33	0.5	1	0.5
环境保护	0.5	0.5	2	1

本书采用层次分析法和熵权法组合的方法确定各级指标权重，而熵权法需要结合方案的具体数据，所以本节采用层次分析法初步确定二级指标各项权重，能源效率二级指标权重专家标度见表 3-35。

表 3-35 能源效率二级指标权重专家标度

能源效率二级指标名称	能源利用率	清洁能源供能占比	一次能源利用率	梯级能源利用率
能源利用率	1	2	3	1
清洁能源供能占比	0.5	1	2	0.5
一次能源利用率	0.33	0.5	1	0.5
梯级能源利用率	1	2	2	1

采用层次分析法确定二级级指标各项权重，成本效益二级指标权重专家标度见表 3-36。

表 3-36 成本效益二级指标权重专家标度

成本效益二级指标名称	单位能量成本	单位电成本	单位热成本	单位冷成本
单位能量成本	1	2	4	3
单位电成本	0.5	1	3	2
单位热成本	0.25	0.33	1	0.5
单位冷成本	0.33	0.5	2	1

采用层次分析法确定二级指标各项权重，供能质量二级指标权重专家标度见表 3-37。

采用层次分析法确定二级指标各项权重，环境保护二级指标权重专家标度见表 3-38。

表 3-37 供能质量二级指标权重专家标度

供能质量二级指标名称	平均缺供电量	平均缺供热量	用户电压合格率	用户温度合格率	电网网损率	热网网损率
平均缺供电量	1	2	1	4	3	5
平均缺供电量	0.5	1	0.5	3	2	4
用户电压合格率	1	2	1	3	2	4
用户温度合格率	0.25	0.33	0.33	1	0.5	2
电网网损率	0.33	0.5	0.5	2	1	2
热网网损率	0.2	0.25	0.25	0.5	0.5	1

表 3-38 环境保护二级指标权重专家标度

环境保护二级指标名称	单位能量二氧化硫排放量	单位能量氮氧化合物排放量	单位能量二氧化碳排放量
单位能量二氧化硫排放量	1	0.5	0.33
单位能量氮氧化合物排放量	2	1	0.5
单位能量二氧化碳排放量	3	2	1

（四）应用成效

本项目基于 CPS 架构、数据驱动、多能耦合机理等基础理论，开展用户侧需求响应自适应运行优化技术研究，研发了园区全景监控、供用能预测、多能优化调度、控制调节、能效分析等核心模块，完成了智慧园区多能源运行管控系统功能改进，可应用于工业企业及园区、智慧机场、智能楼宇、社区等场景，提升用户侧能源智能化运行管控水平。

考虑园区用能的随机性、趋势性、突变性等因素，综合终端用户行为、气象、环境、历史曲线等数据的时间特性及变化趋势、总体分布特性、多因子间的耦合关系，构建了基于数据驱动的源荷预测模型，提高了源荷预测的精度。

分析园区多种能源系统的运行特性，考虑设备的启停时间和爬坡速度对能源间互补性的影响，研究了能量流动在供需平衡上的时间要求及设备之间的协同效应，并基于多种能源系统调度计划生成的控制策略，实现了对多种能源的精准控制。

基于用户侧电、气等不同能源类型的使用情况，实现了能耗分析、运行成本分析、运行分析大屏展示等功能，并通过单位面积电能耗、冷热能耗等指标与地方或国家标杆的对标，实现了用户侧能效的评价。

提出了一种面向需求响应的源荷预测和多能优化调度方法，构建了综合考虑能源系统经济性、节能性、环保性的多目标协同优化模型，为综合能源系统实际运行提供优化建议，提高用户侧的综合能源利用率和经济性。

提出了一种基于延时线程的综合能源管控系统控制方法，实现不同能源系统优化控制命令下发后的闭环反馈机制，提高了控制的安全性与准确性，保障系统安全稳定运行。

三、基于大数据语义挖掘的全自动拟票系统

（一）问题的提出与分析

在对变电站设备检修或电力系统运行方式进行调整时，需要编写倒闸操作票。目前，某省电力公司下辖各地市的变电运维人员编写倒闸操作票主要有两种方式：一是通过 PMS3.0 系统，涉及预令接收、操作指令票解析、查阅接线图和典操、根据典操在系统内修改拟票、人工审票等多个步骤。二是运维人员手动拟票，操作人员根据当天操作任务查阅典型操作票，手动抄写拟票。

目前，实际工作在用的操作票拟票方式存在以下痛点：

（1）开票流程复杂。一张倒闸操作票的开具涉及预令接收、操作指令票解析、查阅接线图和典操、根据典操在系统内修改拟票、人工审票等多个步骤，流程较为复杂。

（2）开票时间长。平均一天的开票时间需要一个半小时到两个小时，如遇大型操作如主变压器检修等，甚至开票时间近 5 小时。

（3）手动开票容易出错。由于开票人员的技术水平、经验知识差异性很大，再加上变电站结构的复杂性，不仅有一次设备的操作，还有二次设备保护装置，要开出繁琐且准确的操作票具有一定的难度，写票人员难免存在疏忽。

为了应对这一挑战，本项目小组运用数据挖掘技术和 RPA 技术研发变电站"虚拟值班员"。

针对目前变电基层工作人员重复性工作繁重、占用大量人力资源这一问题，研究了一种基于大数据语义挖掘和 RPA 技术融合驱动的"变电虚拟值班员"辅助系统，并在变电运维日常拟定倒闸操作票工作中进行"机器代人"应用。该系统从操作指令票和历史操作票为数据源进行规则学习和语义挖掘，结合余弦相似度算法和典型操作数据库自动批量生成倒闸操作序列，最后利用 RPA 技术将生成的操作票自动录入到 PMS3.0 系统中，全过程运维人员只需做好接令和审票两部分工作即可。

（二）数据概况

日常工作中海量的调度下发的操作指令票和倒闸操作票构成了本项目的原始非结构化数据库，与传统的关系型数据库不同，本数据库中的内容是文本而非数字，本项目的重点为有效挖掘历史调度指令票和倒闸操作票之间的匹配关系。

（三）研究方案

1. 数据获取

在变电站运维的日常工作中，积累了大量由调度部门下发的调度指令票和由变电站运维值班人员拟定好的倒闸操作票，如图 3-47、图 3-48 所示。而根据变电站运维工作的

要求，这些调度指令票和与之匹配的倒闸操作票需要保留下来，这样就形成了调度指令票库和倒闸操作票库。

操作指令票
××县调电力调度控制中心

类型：<u>计划停役</u>　　编号：<u>20220418018</u>　　申请书号：<u>国网××××××供电公司202204044</u>

工作内容：<u>1、线路1、线路2、线路3、线路4、线路5、线路6、</u>　　拟票日期：<u>2022-04-18 21:20</u>
<u>线路7、线路8、线路9、线路10、线路11、线路12</u>
<u>间隔电缆拆除、短接并接地及间隔封堵工作</u>

拟票人：<u>×××</u>

序号	受令单位	操作内容	备注
1	调控运行班	确认线路1、线路2、线路3、线路4、线路6、线路7、线路8、线路9、线路10、线路11、线路12线路调电已完成	
2	××供电所	核对线路1、线路2、线路3、线路4、线路7、线路11、线路12开关都已拉开	
3	调控运行班	核对线路1、线路2、线路3、线路4、线路6、线路7、线路8、线路9、线路10、线路11、线路12为热备用	
4	调控运行班	遥控:线路5由运行改为热备用	
5	变电运维班	线路1、线路2、线路3、线路4、线路5、线路6、线路7、线路8、线路9、线路10、线路11、线路12由热备用改为冷备用	
6	调控运行班	遥控××环网柜线路8由运行改为热备用	
7	调控运行班	遥控××环网柜线路9由运行改为热备用	
8	××供电所	××环网柜线路5由运行改为热备用	
9	调控运行班	遥控××环网柜线路6由运行改为热备用	
10	××供电所	××环网柜线路10由运行改为线路检修	
11	××供电所	××环网柜线路8由运行改为线路检修	

图 3-47　调度下发的操作指令票（部分）

由图 3-47、图 3-48 可知，一张操作指令票中包含多种信息，指令票类型、编号、工作内容、拟票人、执行日期、受令单位、操作内容、审核人、预令人、预令时间、受预令地调及人员等；而一张倒闸操作票则包含单位、编号、发令人、受令人、发令时间、操作开始时间、操作结束时间、操作任务和操作步骤等内容。而变电站运维人员要用脑力分析操作指令票的内容，并结合电气接线图及运行规程和典型操作票进行倒闸操作票的拟票工作。

2. 数据准备

（1）操作指令票预处理。经上述分析可知，本项目的数据所包含的信息为文本内容，属于非结构化数据。操作指令票中的操作项可以被倒闸操作人员所识别，但传统的拟票系统却无法识别操作项的实际含义，无法对操作项进行推理和五防逻辑检验。

结合工作需求，对操作指令票进行数据预处理的目标是将文本操作项解析成系统能够识别的内部术语描述，具体要得到每一步骤中所要操作的设备、设备的最终电气状态及操作步骤的类型等进行拟票的关键信息。本小组结合自然语言处理中的分词等方法，配合人工标注及同义词替换等手段，经过分析处理后，形成针对操作指令票的操作术语规则库。

110千伏××变电所倒闸操作票

单位：××公司　　　　　　　　　　编号：　××变电站2022050075

发令人：		受令人：		发令时间：	年　月　日　时　分
操作开始时间：	年　月　日　时　分		操作结束时间：		年　月　日　时　分
（　）　监护下操作　　　　（　）　单人操作　　　　（　）　检修人员操作					
操作任务：110千伏新区变电站：20千伏乐百S793线由开关检修改为热备用					

顺序	操　　作　　项　　目	已执行
1	把20千伏乐百S793线断路器手车由柜外推至"试验位置"，并检查	
2	插上20千伏乐百S793线断路器二次线插件，并检查	
3	合上20千伏乐百S793线断路器储能电源断路器ZKK1，并检查	
4	合上20千伏乐百S793线断路器控制电源断路器11K2，并检查	
5	检查20千伏乐百S793线断路器确定在断开位置	
6	把20千伏乐百S793线断路器手车由"试验位置"摇至"工作位置"，并检查	
7	将20千伏乐百S793线远方/就地切换断路器11QK由就地切换至远方，并检查	

备注：	
拟票人：朱×× 　　　　审票人：许××	
操作人：　　　　　　　监护人：　　　　　　　值班负责人(值长)：	

图 3-48　人工手动拟票形成的倒闸操作票

　　操作术语规则库是存储设备的操作术语描述匹配规则。文本典型票解析所依赖的是操作术语描述规则，操作术语描述规则库关系表的属性主要是由这几部分组成：操作术语规则描述；术语规则的类型；操作设备类型；设备电气初态；设备电气目标态。

　　某一类设备的某种操作就对应一个操作术语规则描述，操作术语规则描述就是一个详细的规则模板，我们可以根据这些模板识别出操作指令票中和变电站运维工作相关的操作命令。单项操作术语规则描述可分为切换型和检查型。

切换型单项操作术语是设备从一个状态切换到另一状态时生成的操作术语的组合。切换型根据设备的类型有不同的知识表示如下：

Ⅰ．主动词＋［电压等级］＋［所属间隔］＋设备编号＋设备类型

例如：放上 1 号主变压器 110 千伏复合电压闭锁过流保护跳 110 千伏母分开关出口压板 31LP8。

Ⅱ．主动词＋［电压等级］＋［所属间隔］＋设备编号＋设备类型＋状态词

例如：将 20 千伏 1 号电容器远方/就地切换开关 QK 由远方切换至就地，并检查。

Ⅲ．主动词＋［电压等级］＋［所属间隔］＋设备编号＋设备类型＋主动词＋状态词

例如：拉开 2 号主变压器 110 千伏变压器闸刀，并检查。

检查型单项操作术语表示设备检查术语（不切换设备的状态）的组合。表示如下：

Ⅳ．主动词＋［电压等级］＋［所属间隔］＋设备编号＋设备类型

例如：检查 110 千伏母分开关确在断开位置。

至此，结合分词技术，能够有效地从复杂的操作指令票中提取出所需要执行的操作命令，为虚拟值班员拟票指明工作内容。

（2）典型操作票预处理。变电站运维工作现场所使用的操作票主要内容由操作任务和操作步骤序列两大部分构成。一方面，倒闸操作步骤具有很高的重复性，如同一条线路其在过去可能经历过多次相同的倒闸操作；另一方面，现在变电站运检相关部门都会提前编制好常见的典型倒闸操作所对应的倒闸操作票。

为了充分利用历史数据和已有的倒闸操作票，本项目采用键值词典的方式将历史中出现的倒闸操作票或者已经编制好的典操倒闸操作存储起来，构成变电站——电压等级——操作命令——操作步骤的倒闸操作数据库，完成倒闸操作票的数据预处理。

3. 模型构建

经过数据预处理后，虚拟值班员可以从操作指令票中获取需要拟定的操作任务，同时也有海量的倒闸操作步骤数据可以调用。那么，接下来的关键是如何使虚拟值班员根据不同的任务自动从倒闸操作数据库中正确提取对应的倒闸操作步骤，完成倒闸操作票的生成环节。

（1）基于语义挖掘的余弦相似度大数据匹配算法。采用大数据文本挖掘中的余弦相似度算法，将操作任务整个语句作为目标，与搭建好的典型操着数据库中的操作命令进行比较，直接拟定出对应的操作序列，从而充分利用已有的典型操作倒闸操作资料，不需要搭配复杂的设备库和进行操作主体及操作内容的识别选择。

余弦相似度算法文本相似度计算大致流程：

- 分词；
- 合并；
- 计算特征值；
- 向量化；
- 计算向量夹角余弦值。

对于两段文本 A 和 B，对其进行分词，得到两个词列表：

$$A = [t_1, t_2, \cdots, t_i]$$
$$B = [t_1, t_2, \cdots, t_i]$$

对两个词列表进行合并去重，得到输入样本中的所有词：

$$T(A, B) = T(A) + T(B) = [t_1, t_2, \cdots, t_k]$$

计算特征值：

选取词频作为特征值。

$$F(A) = [f_{A_1}, f_{A_2}, \cdots, f_{A_k}]$$
$$F(B) = [f_{B_1}, f_{B_2}, \cdots, f_{B_k}]$$

向量化：

$$\vec{A} = (f_{A_1}, f_{A_2}, \cdots, f_{A_k})$$
$$\vec{B} = (f_{B_1}, f_{B_2}, \cdots, f_{B_k})$$

计算余弦值：

$$\cos\alpha = \frac{\sum_{i=1}^{k} f_{A_i} \cdot f_{B_i}}{\sqrt{\sum_{i=1}^{k}(f_{A_i})^2} \cdot \sqrt{\sum_{i=1}^{k}(f_{B_i})^2}}$$

根据语义挖掘的余弦相似度大数据匹配算法，可以将目标操作任务和经键值词典规则下构成的倒闸操作数据库中的操作命令进行匹配，找到匹配度最高的操作命令后，再一次结合分词技术和电力词典等工具，对操作步骤进行修改。由于是调用已反复使用过的历史倒闸操作票所形成的相关操作步骤，因此这种方法具有很高的正确性。

一个完整的倒闸操作指令票包含多个倒闸操作任务，虚拟值班员进行一次完整的倒闸操作拟票任务的工作流程如图 3-49 所示。

虚拟值班员数据挖掘模型总览图如图 3-50 所示，

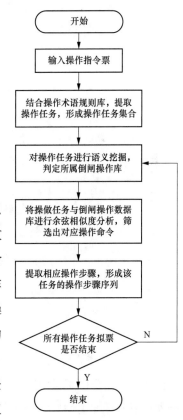

图 3-49　操作指令票解析及拟票流程图

共包括原始数据层、数据处理层、语义挖掘层、操作序列层、拟票应用层 5 个层次。

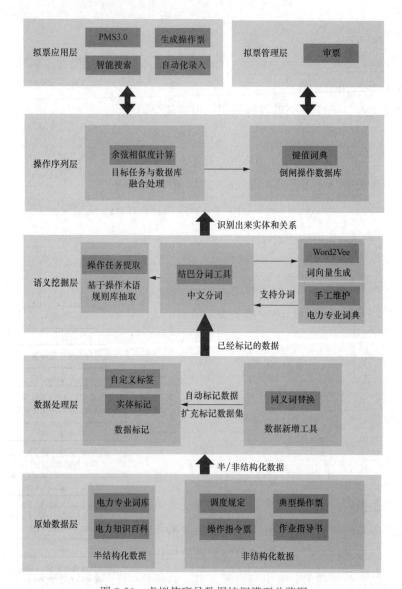

图 3-50 虚拟值班员数据挖掘模型总览图

（2）以桌面图像识别为核心的机器人流程自动化（robotic process automation，RPA）技术。上述算法模块通过利用语义挖掘为核心的大数据挖掘技术对操作指令票进行解析并结合历史倒闸操作数据进行倒闸操作票的自动生成，构成虚拟值班员的指挥大脑，告诉虚拟值班员的工作目标是什么，工作结果是什么。

当前，国家电网公司要求所有的拟票操作都必须在 PMS3.0 系统内录入，由此带来两个问题：

1）录入过程重复性极高，主要包括变电站、调令级别、预令时间、预令级别及最为关键的倒闸操作步骤的输入，都要人为操作，过程枯燥繁琐且低效，一旦需要拟定的操作票数量较多时将占据运维人员大量时间。

2）各种内部系统的后台接口权限开放困难，换言之，当前所使用的各种系统其只能人为操作而无法自动录入，要求厂家开放应用程序编程接口（application programming interface，API）是困难甚至不现实。

为了解决上述两个问题，以 OpenCV 开源函数库为基础，开发以桌面图像识别为核心的 RPA 技术。该技术首先标定需要识别的图像内容，然后不断地扫描电脑桌面的图像，如果电脑桌面上出现了已标定的图像内容，则将该图像内容所在桌面的位置传递回程序，程序根据目标图像的位置控制鼠标实现单击、双击及键盘输入所需内容等操作，实现"机器代人"，大大提高了工作效率，减轻人工重复性操作。值得一提的是，该技术以图像识别为核心自动识别桌面的任意画面并自由操作鼠标键盘，可以完全替代人工对电脑进行操作，且完全不受目标系统或软件开放权限的约束，适应力极强。

该技术相当于为虚拟值班员打造出一个能够自动操作电脑的"虚拟肉体"，让我们的虚拟值班员在大数据技术的帮助下不但可以替代人工进行脑力劳动，还可以替代人工进行体力劳动，大大解放人力资源，提高工作效率。虚拟值班员"机器代人"示意图如图 3-51 所示。

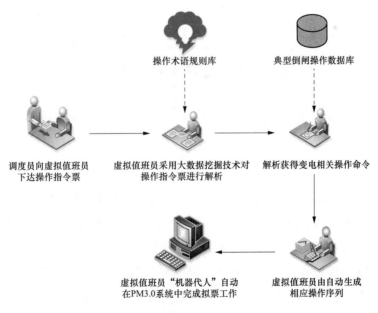

图 3-51　虚拟值班员"机器代人"示意图

（四）应用成效

"虚拟值班员"在用数环境平台和 RPA 机器人平台的基础上，建立所辖变电站的倒闸操作数据库，融合大数据挖掘技术和人工智能技术，实现了"机器代人"的过程。目前，已经基本完成第一版本的相关测试并进行了功能完善，已将其应用于某供电公司变电站运检中心的日常运维工作之中。

效率提升。例如，在 110 千伏某变电站 5 月 10 日拟定的预令票中，涉及新区变电站现场倒闸操作的预令票共有 28 张，从接收完预令开始测算，一名开票熟练的运行人员在 PMS3.0 系统中开具一张倒闸操作票平均需要约 5 分钟，全部拟票完成所需时间超过 2 小时。那么，我们在"虚拟值班员"的帮助下进行拟票任务，仅耗费约 10 分钟便完成了上述任务，且开票过程无须人为干预。相较于人工拟票，整体开票效率提升超 90%，大幅度提高日常工作效率。

节约成本。本成果对公司近 3 个月下发的真实的操作指令票数据进行训练和比较，在应用"虚拟值班员"后，整体开票过程有效节约了人工成本和时间成本，能够辅助电力生产，进一步提升电力生产工作效率。

票面准确。对应用了本成果生成的倒闸操作票的具体步骤进行审核，操作指令识别正确率达 98.5%，操作步骤生产正确率达 96.3%，该成果已达到实用化的程度。相较传统的人工开票，这很大程度上减轻了开票人员的工作强度，提高了开票效率，能在很大程度上避免人为疏忽造成的操作票内容错误等情况的出现，能够实现较高的准确性，说明了"虚拟值班员"的实用性及有效性。

第四节　数据增值领域

一、"共同富裕电力指数"——挖掘电力大数据价值，助推共同富裕示范区建设

（一）问题的提出与分析

2021 年 5 月 20 日，中共中央、国务院发布《关于支持浙江高质量发展建设共同富裕示范区的意见》，这是党中央和习近平总书记交给浙江省的政治任务，也是浙江省前所未有的重大发展机遇。浙江省委召开的高质量发展建设共同富裕示范区推进会上，时任省委书记袁家军在聚焦"七个先行示范"跑道中提出，要探索建立共富型统计监测体系。中央有重托，浙江省有优势，电力敢担当。电网企业作为党和人民依靠信赖的"大国重器"和"顶梁柱"，积极发挥能源电力行业支撑作用，先行探索、率先实践。

当前，共同富裕示范区的建设尚处于起步阶段，如何正确把握构建新型电力系统与实现共同富裕的关系，有效地把控共同富裕电网建设推进方向和制定科学的推进举措，是电网企业必须回答的问题。

为贯彻党和国家、省委省政府关于发展建设共同富裕示范区的战略部署，以数字化牵引新型电力系统建设，某供电公司联合嘉兴学院中国共同富裕研究院成功发布共同富裕电力指数，深入研究新型电力系统建设与国家"双碳"目标实现、数字化改革、乡村振兴及共同富裕的底层逻辑与内在机理，探索构建共同富裕电力指数指标体系和算法模型，打造共同富裕电力指数监测平台。通过共同富裕电力指数的实践应用，提出具有新意和可操作性的对策建议，指导电网公司能以精准化举措和系统化变革，以破题攻坚之力建设新型电力系统，助推共同富裕示目标的实现。

为对共同富裕建设进行量化评价，构建包含高质量发展、高品质生活、高效能治理、高水平共享四个分项指标的共同富裕电力指数指标体系及可视化展示平台，分别对区域内的生产经济、民生发展、社会治理及幸福共享几方面进行评价，辅助地方政府的重大决策，为社会全面发展保驾护航。

项目根据政府评判共同富裕的指标体系及国家电网公司的绩效考核体系，综合考虑数据可获得性，采用 28 项电力指标作为衡量指标。基于电量数据、供电服务数据、经济数据等海量电力数据和社会数据，项目构建包含四个分项指标的共同富裕电力指数，支撑虚拟电厂、电动汽车充电桩管理等场景应用建设。整体架构如图 3-52 所示。

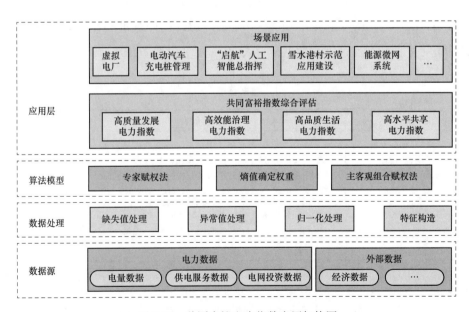

图 3-52　共同富裕电力指数应用架构图

（二）数据概况

本书使用的研究数据共分为电量数据、供电服务数据、电网投资数据、社会数据四类。四类研究数据说明如表 3-39 所示。

表 3-39   四类研究数据说明

数据类型	细分数据	来源
电量数据	全社会用电量、可再生能源发电量、总发电量、全行业总用电量、城乡居民生活用电量、第三产业用电量等	数据中台
供电服务数据	供电可靠性、电压合格率、客户满意度、抢修到达时间、抢修恢复时间、清洁能源利用率、电网运行优质指数等	
电网投资数据	区域配电网容量、业扩报装数量、供电能效水平、电力碳排放系数、居民光伏安装率等	
社会数据	区域人口数、电力用户数、地区低收入人口、城乡居民收入倍差、可支配收入、GDP 等	外部导入

从数据中台的数据宽表读取电量数据、供电服务数据。使用数据宽表包括专用变压器用户日电量表、低压用户日电量表、光伏用户日发电量表等，具体数据获取如表 3-40 所示。

（三）研究方案

1. 数据获取

从数据中台的数据宽表读取电量数据、供电服务数据等数据，通过开发数据处理服务（open data processing service，ODPS）接入应用超市计算机编程语言（Python）开发资源环境；社会数据通过外部数据表导入 Python 开发资源环境。

表 3-40   数据获取

基础数据需求	中台数据表名	更新频率
全社会用电量/行业用电量/居民生活用电量等	专用变压器用户日电量表（v_jx_dwd_cst_meter_energy_day_h）/低压用户的表计局号粒度的正向有功总电能量表（v_jx_dwd_cst_es_meter_energy_day_l）	日
可再生能源发电量	光伏用户日电量（v_jx_dwd_cst_meter_energy_day_fc）	日
业扩报装数量	业务申请单（v_jx_dwd_cst_bus_app_form）	日
…		

2. 数据准备

（1）数据修正。部分数据由于取数等问题可能存在缺失，因此本项目采用多项式拟合的方法填补缺失数据。构造输入的阶多项式函数，使得该多项式能够近似表示输入与输出的关系。输入可以表示如下：

$$D = \{(x_1, y_1), (x_2, y_2), \cdots, (x_i, y_i), \cdots, (x_N, y_N)\}$$

$$x_i \in R \quad y_i \in R;$$

目标输出是得到一个多项式函数：

$$f(x) = w_1 x^1 + w_2 x^2 + w_i x^i + \cdots + w_M x^M + b$$

$$= (\sum_{i=1}^{M} w_i x^i) + b$$

（2）数据标准化。z 分数能够真实地反映一个分数距离平均数的相对标准距离。如果我们把每一个分数都转换成 z 分数，那么每一个 z 分数会以标准差为单位表示一个具体分数到平均数的距离或离差。将呈正态分布的数据中的原始分数转换为 z 分数，我们就可以通过查阅 z 分数在正态曲线下面积的表格来得知平均数与 z 分数之间的面积，进而得知原始分数在数据集合中的百分等级。一个数列的各 z 分数的平方和等于该数列数据的个数，并且 z 分数的标准差和方差都为 1，平均数为 0。z 分数公式为：

$$z = (x - \mu)/\sigma$$

将标准化后的数据使用共同富裕电力指数，再次运算后得到一个分数，待后续处理。

3. 模型构建

为客观表征共同富裕电力指数各级指标的关系，合理确定各指标的权重。本项目采用主客观组合集成赋权法确定各指标权重。

（1）专家赋权法。本项目首先采用美国学者萨蒂（T. L. Sasty）提出的层次分析法（analytic hierarchy process，AHP）确定各指标的权重。其基本步骤如下：

第一步，构造判断矩阵。

从电力系统、高校、政府机关选取了 20 位有电力系统实际工作经验或者具有共同富裕理论研究的专家，并征得专家本人的同意后，将待定权重的指标和相关资料送给各位专家独立评判赋分。20 位专家利用 1—9 比率标度法对各监测指标的相对重要性进行判断，取判断值的平均值后构造一个判断矩阵 B，其形式如表 3-41 所示。

表 3-41　　　　　　　　　　判断矩阵结构表

指标	X_1	...	X_n
X_1	b_{11}	...	b_{1n}
...	...	...	...
X_n	b_{n1}	...	b_{m}

其中，各元素 b_{ij} 表横行指标 X_i 对各列指标 X_j 的相对重要程度的两两比较值，用 1、2、…、9 或其倒数表示。取值为 1～9 的奇数，分别表示前者指标比后者指标同等重

要、较重要、很重要、非常重要、绝对重要；当取值为 $1\sim9$ 的偶数时，分别表示指标两两相比的重要性程度介于两个相邻奇数所表示的重要性程度之间，且 $b_{ii}=1$，$b_{ij}=1/b_{ji}$。

第二步，开展一致性检验。

使用层次分析法计算评价指标的权数，重要的一条是保持思维逻辑的一致性，即专家在判断指标的重要性时，各判断之间应协调一致，不能出现矛盾的结果。

如果判断矩阵通不过一致性检验，应将有关结果反馈给专家，对判断矩阵进行修正，直到通过一致性检验为止。

如果得到的成对比较判断矩阵是一致阵，则对应特征根 n 并归一的特征向量表示各因素对目标（或上层因素）的权重，该向量称为权向量。

第三步，计算各指标权重。

若两两成对比所得的判断矩阵 B 不是一致阵，但在不一致的允许范围内，则对应于 B 的最大特征根 $\lambda_{\max}$ 的特征向量（归一化后）作为权向量 W。即 W 满足 $BW=\lambda W$ 可获得排序值，归一化后得到各指标的权重。

其中，W 的分量就是对应于 n 个因素的权重系数。

（2）熵值确定权重。本项目对某市各县市区获得样本的 n 个评价指标的初始数据矩阵 Y，根据信息论中信息熵的定义，一组数据的信息熵：

$$h_j=-(\ln n)^{-1}\sum_{i=1}^{m}p_{ij}\ln p_{ij},j=1,2,\cdots,n$$

其中，$P_{ij}=Y_{ij}/\sum_{l=1}^{n}Y_{lj}$，$j=1,2,\cdots,n$。

计算个属性的变异程度系数：

$$c_j=1-h_j,j=1,2,\cdots,n$$

计算各属性的加权系数：

$$w_j=\frac{c_j}{\sum_{j=1}^{n}c_j},j=1,2,\cdots,n$$

利用熵值法估算各指标的权重，其本质是利用该指标信息的价值系数来计算的，其价值系数越高，对评价的重要性就越大。

（3）主客观组合赋权法。层次分析法是由专家经验对目标进行比较判出指标权重，熵权法则由客观数据判出指标权重。由于层次分析法和熵权法都是通过先获取指标权重，再对权重目标进行评估计算，所以本项目将主观赋权法和客观赋权法结合起来，设采用 n 种赋权法进行权值 $w^k=(w_1^k,w_2^k,\cdots,w_n^k)$，$k=1,2,\cdots,m$ 的确定，则组合权值为：

$$w_j = \frac{\sum\limits_{k=1}^{m}\lambda_k w_j^k}{\sum\limits_{j=1}^{n}\sum\limits_{k=1}^{m}\lambda_k w_j^k} \quad j=1,2,\cdots,n$$

其中，λ_k 为这些权重的权系数，由 $\sum\limits_{k=1}^{m}\lambda_k=1$，该方法的为各种权重之间增加线性补偿作用。

根据以上算法得到全市共同富裕电力指标权重分布表如表 3-42 所示。

表 3-42　　　　　　　　　全市共同富裕电力指标权重分布表

一级指标	序号	二级指标	计量单位	说明	一级权重	二级权重
高质量发展电力指数	1	人均社会用电水平	千瓦时/人	—	0.31	0.12
	2	电网供电能力	兆伏安/平方千米	—		0.10
	3	可再生能源发电量占比	%	—		0.14
	4	全社会电量增速	%	—		0.09
	5	可再生能源发电增速	%	—		0.12
	6	电网发展投资效率	万千瓦时/万元	—		0.07
	7	高技术制造业用电占比	%	—		0.18
	8	数字经济核心产业用电占比	%	—		0.15
	9	业扩报装率	个/户	—		0.03
高效能治理电力指数	10	单位 GDP 电耗	万千万时/亿元	—	0.2	0.28
	11	供电能力指标	—	供电可靠性、电压合格率、户均配电变压器容量等		0.21
	12	供电服务水平	—	客户满意度、抢修到达现场时间、恢复时间、业扩报装时限		0.13
	13	供电能效水平	%	线损		0.08
	14	电网运行优质指数	%	—		0.09
	15	电力碳排放系数	吨/千瓦时	—		0.11
	16	清洁能源利用率	%	—		0.10
高品质生活电力指数	17	居民生活用电水平	千瓦时/人	—	0.2	0.20
	18	万人电动汽车充电量	千瓦时/万人	—		0.06
	19	居民社会服务用电水平	千瓦时/人	教育、医疗、娱乐等不同行的用电量占比		0.22

一级指标	序号	二级指标	计量单位	说明	一级权重	二级权重
高品质生活电力指数	20	居民富裕用电占比	%	二阶以上占	0.2	0.26
	21	乡村人均民生用电水平	千瓦时/人	133 行业第三产业中和居民生活相关		0.19
	22	居民光伏安装率	%			0.07
高水平共享电力指数	23	城乡居民用电水平差异	倍	城镇/乡村	0.29	0.18
	24	城乡供电服务差异	倍	城镇/乡村		0.07
	25	地区人均居民生活用电差异	倍	最高/最低		0.17
	26	地区人均全社会用电差异	倍	最高/最低		0.12
	27	电力基尼系数	—	—		0.33
	28	低收入人口用电优惠享受率	%	—		0.14

在应用超市 Python 开发资源环境中进行程序编写，计算并生成历年共同富裕电力指数数据。图 3-53 为历年共同富裕指数。

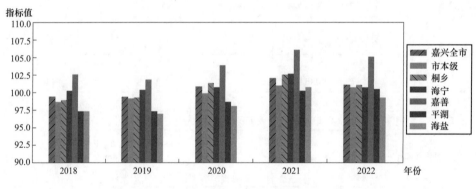

图 3-53　历年共同富裕指数

4. 应用开发

根据共同富裕电力指数研究思路及模型算法，项目组设计开发了共同富裕电力指数监测（可视化）系统，数据来源包括数据中台、外部导入，实现共同富裕路径的可预测、指标可直观展示，为经济社会和政府单位提供有价值的参考。图 3-54 为共同富裕电力指数监测平台。

分项指数分析功能包括"高质量发展、高品质生活、高效能治理、高水平共享"四个分项，分别对区域内的生产经济、民生发展、社会治理及幸福共享等方面进行评价。以高质量发展电力指数为例，高质量发展电力指数主要关注区域内全社会用电的平均水平、发展速度及其中可再生能源占比、高技术制造业和数字经济核心产业用电占比情况，同时关注区域内的配网供电能力、业扩报装情况，以此对区域内的生产、经济、居民生活发展状况进行评价。

图 3-54　共同富裕电力指数监测平台

高品质生活电力指数通过区域内居民电力消费情况体现当地民生水平，主要从居民生活用电水平、万人充电桩充电量、居民社会服务与保障水平、富裕用电占比、乡村人均民生用电水平、居民光伏安装率等方面进行评价。高效能治理电力指数通过电力指标对区域内电力服务与电力消费管控治理成果进行评价，主要从单位 GDP 电耗、供电能力水平、供电服务水平、供电能效水平、电网运行优质指数、电力碳排放系数、清洁能源利用率等方面进行评价。高水平共享电力指数考察城乡居民用电水平差异、城乡供电服务差异、地区人均居民生活用电差异、地区人均全社会用电差异等，并通过电力基尼系数、低收入人口用电优惠享受率对区域内居民用户差距进行评估。以折线图的形式展示共同富裕指数的发展趋势，并展示地区城乡居民可支配收入对比和城乡居民收入倍差数据，表示城乡、区域差异在减小。

（四）应用成效

1. 根据指数结果指导相关措施开展

通过反映经济层面的高质量发展电力指数，进一步指导电网基础设施建设、促进清洁能源发展，助力地区能源低碳转型。以上述某市区为例，2018 年该地区高质量发展电力指数为 99.36，低于全市平均值。到 2022 年，指数增长至 126.58，主要原因是地区社会经济发展迅速，清洁能源转型快，人均社会用电水平从 8981 千瓦时/人增长至 9531 千瓦时/人，可再生能源发电量占比从 17.29％增长至 22.48％。通过反映民生层面的高品质生活电力指数，加快乡村电气化进程。通过反映社会层面的高效能治理电力指数，进一步提升电力服务能力和服务水平，指导地方政府完善产业结构，促进社会低碳转型，提前实现碳达峰、碳中和。通过反映公平层面的高水平共享电力指数，定位县市区贫富差距，辅助政府更好地统筹城乡发展资源，缩小贫富差距。以某县级市为例，2018—2022 年，该地区高水平共享电力指数从 98.95 增长至 109.95，主要原因是城乡平衡发展，贫富差距逐渐缩小，城乡居民用电水平差异从 1.69 倍下降至 1.11 倍，低收入人口用电优惠享受率从 0.22％增长至 0.33％。

2. 通过可视化平台探索示范应用场景

2006 年，时任浙江省委书记的习近平同志调研雪水港村。多年来，雪水港村始终牢记习总书记的嘱托，努力实现在兴村富民上做示范，在乡村振兴上做示范。雪水港村在以"乐居型"为主题的未来乡村数字化改革中运用共同富裕电力指数，为突出具有雪水港村辨识度的若干场景提供典型数据支撑。2018 年，雪水港村共同富裕电力指数为 99.31，低于全县平均值。四年间，雪水港村建成光伏装机容量 16 兆瓦，全年发电量约 1728 万千万时，碳减排 1.66 万吨。新增风力发电机 3 台，并网容量 15 千瓦，全年发电量约 2 万千瓦时；推广柴改电 639 户，减少柴火消耗约 10.15 吨，碳减排 18.61 吨，每年为村民增收 13.89 万元；加大电网投资建设，在雪水港村多下河埭 30133 公用变电站、何佳桥 30428 公用变电站、胜利 30090 公用变电站等台区中利用柔性互动装置构建交直流微电网，实现多台区高效管理运行，助力"双碳"战略在配电网侧落地实施。

2019—2022 年，雪水港村居民可支配收入由 37801 元增长至 48486 元，人均农林牧渔增加值由 503.8 元/人增长至 538.1 元/人，城乡居民收入倍差由 1.69 倍下降至 1.62 倍，均居全市前列。2022 年，雪水港村共同富裕电力指数上升至 109.65，高于全市平均值。

二、政企联动——数智赋能全市用能过程管控

（一）问题的提出与分析

2020 年 9 月，我国在第 75 届联合国大会上正式提出"双碳"目标，即力争 2030 年前实现碳达峰，2060 年前实现碳中和。2021 年 12 月，中央经济工作会议指出，要创造条件尽早实现能耗"双控"向碳排放总量和强度"双控"转变。这就意味着，在未来很长一段时间内，我国的能源管控将更加严格。对政府、企业来说，节能降耗、提质增效需求也更加迫切。

"节能降碳"是党中央、国务院的重大战略决策，关系到国家的承诺，关系到新发展理念特别是绿色发展理念的深入践行。为此，各级政府都在持之以恒地推进能源管控工作，管控范围不断扩大、管理要求不断提高。但因传统的管理方式难以适应当下复杂的能源形势，为统筹做好经济高质量发展和"双碳"目标实现的关系，科学有效推动节能降耗，政府需要更柔性化、精准化的能源管控方式。

围绕提升能源综合管理水平、实现能源数字化精密智治等目标，创新搭建"智慧能源监管平台"。通过政府、电力公司、用能企业三方联动，汇聚包含电、煤、气、产值、增加值等企业用能和经营基本信息、能效评估、节能验收和节能监察等多类型数据，用于开展企业年度用能预算核定下达、企业节能目标评价考核、用户用电需求三方联审等工作。

通过相应模型算法，深入融合用能预算管理、能效评价、整治提升、技术改造等核心业务，为政府监管和企业决策提供支撑，更好地服务能源市场建设和实体经济发展。能源数智管控应用架构如图 3-55 所示。

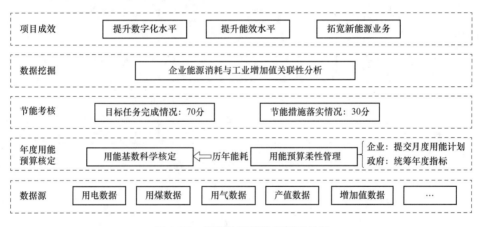

图 3-55　能源数智管控应用架构图

（二）数据概况

本书基础基于政府、电力公司、用能企业三方联动，建立企业用能和经营基本信息、能效评估、节能验收和节能监察等多类型数据的智慧能源监管平台。

数据来源包括企业定期填报的经营数据、发改委定期提供的综合用能数据、来自用电信息采集系统的企业用电量数据，以及自行定期录入的企业用能和经营数据，包括煤、气、产值、增加值等数据。

数据范围包含全市 1000 吨标准煤以上重点用能企业 1857 家，其他 5000 吨标准煤以上以前 469 家。利用近三年综合能耗作为基准数，核定用能基数；输入月度用能计划数，实现月度用能预算柔性管理。

（三）研究方案

1. 数据获取

企业非电用能和经营基本信息数据来自企业填报和发改委提供；企业用电数据来自用电采集系统。

2. 模型构建

（1）企业年度用能预算核定下达。具体包括用能基数科学核定和用能预算柔性管理两个方面。

用能基数科学核定。根据嘉兴市《年综合能耗 5000 吨标准煤以上重点企业 2022 年度用能预算核定方案（试行）》，充分考虑历年能耗水平及上年度已投产项目将在今年固定释放的能耗，精准压减高耗能企业用能，在线科学核定年度用能预算。用能基数核定流程如图 3-56 所示。

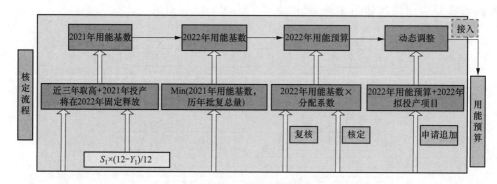

图 3-56   用能基数核定流程

1）2021 年用能基数 E_1：

$$E_1 = \max(E_{2019}、E_{2020}、E_{2021})$$

以近三年综合能耗作为基数。

2）2021 年用能基数调整 E_{11}：

$$E_{11} = E_1 + S_1 \times (12 - Y_1)/12$$

其中，S_1 为企业 2021 年投产项目批复总量，Y_1 为企业 2021 年 S_1 实际投产月份。

3）2022 年用能基数 E_2：

$$E_2 = \min(E_{11}、S_{sum})$$

其中，S_{sum} 为企业历年项目批复总量。

4）2022 年用能预算 E_{22}：

$$E_{22} = E_2 \times S_{系数}$$

其中，$S_{系数}$为省下达"双控"目标总量后，根据企业单耗在行业中的排名确定压减控制系数，这里不再展开描述。

5）2022 年，建成拟投产的项目在建设单位完成节能验收后，需在线提交属地节能主管部门申请追加当年用能预算。

部分企业节能验收数据如表 3-43 所示。

表 3-43　　　　　　　　　　部分企业节能验收数据　　　　　　　　　单位：吨

企业名称	2019 年	2020 年	2021 年	E_1	S_1	2021 年投产月份	E_{11}	批复用能总量	E_2	控制系数	E_{22}
浙江某纺织科技有限公司	29449	33558	58511	58511	45667	9	69928	750000	69928	0.96	67131
浙江某材料股份有限公司	25949	34705	38753	38753	5740	3	43058	50000	43058	0.98	42197
浙江某纺织有效公司	810	774	1017	1017	56.17	4	1054	1300	1054	0.96	1012

用能预算柔性管理。企业在不超过公布的年度用能预算的前提下，按照自身的生产、检修计划自主分配并在线提交月度用能计划，通过智慧能源监管平台，可实现月度用能过程柔性监管与预警，充分挖掘各企业灵活用能潜力，释放嘉兴全市整体用能可调节空间。通过月度柔性管控预警，政府可统筹年度指标，有效避免年底集中错峰生产。图 3-57 是市级智慧能源监管平台监测的重点企业页面。

图 3-57　重点企业页面

（2）企业节能目标评价考核。

为加强"十四五"规划重点用能单位节能管理，严格实行节能目标责任制和节能考核评价制度，提高能源利用效率，控制能源消费总量，平台实现对全市年综合能耗 5000 吨标准煤以上的重点用能单位，进行在线节能目标评价考核。

考核方法：采用量化评价方法，相应设置目标任务完成情况和节能措施落实情况，满分为 100 分。目标任务完成情况为定量考核指标，分值为 70 分；节能措施落实情况为定性考核指标，根据企业落实各项节能政策措施情况进行评分，满分为 30 分。图 3-58 为企业用能考核流程。

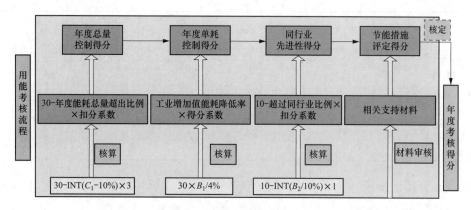

图 3-58　企业用能考核流程

下面对定量考核指标进行描述：

先计算年度能耗总量控制目标得分 P_1（满分 30 分）。

其中，E_1 为 2021 年能耗总量，G_1 为 2021 可再生能源，E_2 为 2021 年能耗下达总量。

1）2021 年度能耗总量超出比例 C_1：

$E_1-G_1>E_2$，$C_1=(E_1-G_1-E_2)/E_2\times100\%$，反之 $P_1=30$。

2）年度能耗总量控制目标得分 P_1：

$C_1-10\%>1\%$，$P_1=30-\mathrm{INT}(C_1-10\%)\times3$，反之 $P_1=30$。

再计算年度能耗单耗控制目标得分 P_2（满分 30 分）。

其中，M_1 为 2021 年度工业增加值能耗，M_2 为 2020 年度工业增加值能耗，M_3 为 2021 年度同行业能耗值。

1）2021 年度工业增加值能耗降低率 B_1：

$$B_1=(M_2-M_1)/M_2$$

2）年度能耗单耗控制目标得分 P_2：

a. $B_1<0$，则 $P_2=0$；

b. $B_1>0$ 且 $B_1<4\%$，则 $P_2=30\times B_1/4\%$；

c. $B_1>4\%$，则 $P_2=30$。

计算单位能耗在同行业的先进性得分 P_3（满分 10 分）。

1）2021 年度工业增加值能耗超过同行业比例 B_2：

$$B_2 = (M_1 - M_3)/M_3 \times 100\%$$

2）单位能耗在同行业的先进性得分 P_3：

$$P_3 = 10 - \text{INT}(B_2/10\%) \times 1$$

节能措施得分 P_4（满分 30 分，定性评价）。

企业最终节能目标考核评价得分：

$$P = P_1 + P_2 + P_3 + P_4$$

对考核结果为优秀等级的重点用能单位进行通报表扬，积极宣传先进经验、典型做法。

对考核结果为不合格等级的重点用能单位进行通报批评，暂停审批或核准新建扩建高耗能项目，限制参与政府性的各项扶持奖励政策。企业用能评分考核页面如图 3-59 所示。

图 3-59　企业用能评分考核页面

（3）能源数据挖掘分析。以 2021 年上述某市 1346 家重点用能企业数据为样本。大部分企业当年总能耗在（0，5000］吨范围内，其中 529 家（企业占比 39.3%，能耗占比 4.56%，工业增加值占比 3.55%）能耗在（0，2000］吨区间，412 家（企业占比 30.61%，能耗占比 8.47%，工业增加值占比 7.13%）在（2000，5000］吨区间；能耗达到 2 万吨以上的有 131 家（企业占比 9.73%，能耗占比 68.37%，工业增加值占比 71.17%），这部分企业数量占比不大，但能源消耗量及工业增加值占比较大，需重点关注。某市重点用能企业能源消费分布如图 3-60 所示。

通过确定行业标杆水平，可有针对性地开展重点用能企业的能耗管理。以化学纤维制造业为例：

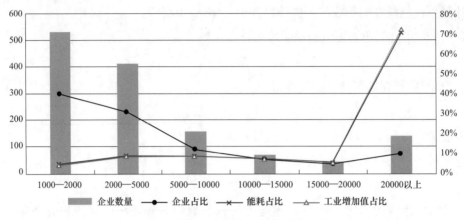

图 3-60 某市重点用能企业能源消费分布

计算 2020 年该行业的每个企业单耗，采用正态分布法把各个企业单耗划分为 4 个区间，分别分为 $(0, u-\sigma]$、$(u-\sigma, u+\sigma]$、$(u+\sigma, u+2\sigma]$、$(u+2\sigma, +\infty)$，其中，$u-\sigma$ 值作为 2021 该行业单耗标杆水平，为 1.364。

对标行业标杆，分析企业单耗差距。以行业规上工业增加值为横坐标，规上工业能耗量为纵坐标，重点用能企业为对象，开展能耗量—工业增加值的象限评价分析。

（四）应用成效

1. 能源数字化水平进一步提升

智慧能源监管平台的应用可有效提升政府决策，数据的汇集、应用的创新给能耗"双控"相关业务的开展带来了更多便捷体验。数据共享融合程度不断提升，数据价值应用得到有效释放，为能源大数据的高效管理提供了坚实基础。使得省重点行业企业重点用能预算试点工作得到有效落地，用能预算指标更加科学、精准；对外更加公开、透明。通过企业节能目标评价考核，对企业用能预算执行情况进行及时评价，并作出奖惩响应。

2. 全社会能效水平进一步提升

智慧能源监管平台的应用为重点企业用能管理提供了有效手段，通过落实用能指标，有效识别异常并提前做出预警，引导企业节能技改、节能降碳，有效提升企业能效水平。此外，政府通过用能管控、产业结构调整、落后产能淘汰等措施，进一步提升全社会能效水平。以某市 2022 年一季度数据为例，全市累计腾出落后用能 18.5 万吨标准煤，完成预期计划的 184%。

3. 公司新能源业务进一步拓宽

基于智慧能源监管平台，电网公司可借鉴高耗能企业生产经营数据，开展数据价值分析，根据企业用能结构、实际用能数据，提出能源利用优化建议、个性化节能方案等增值服务，促进企业提升节能减排技术，加快转型升级，为企业降本增效提供有力支撑，也为电网公司培育新的利润增长点提供数据服务。

三、慧眼识"宝"——用户侧储能接入容量测算和潜在用户挖掘

（一）问题的提出与分析

用户侧分布式储能的装机容量和充放电策略需要根据用户的负荷特性决定。其商业模型的可行性也需要有充放电空间来支撑电费的尖峰谷价差。因此，在前期对储能潜力安装用户的筛选及其接入容量的确定，需要有大量的用户负荷、电量数据作为支撑。但获取数据量较大，对于用户、储能投资商来说具有专业性，数据样本通常不足。同时，储能容量确定主观性较强，往往未从大量数据源中得到有用信息并准确分析。对储能潜力用户的筛选和用户侧储能项目的推进建设造成了很大困难，整体上影响了用户侧储能项目的推进速度。

此外，对电网来说，这一部分用户侧储能在未来能够作为柔性负荷参与电网辅助服务和需求侧响应，对储能发展潜力和趋势的研判是十分重要的，因此需要提供一个能够充分挖掘区域储能潜力的参考依据。

为解决上述问题，设计一种集数据采集、处理、计算和校验于一体的储能建议容量测算工具，快速准确筛选出适合安装储能的用户，挖掘具备储能接入的潜力用户。

整体储能容量测算方法包括数据输入、数据预处理、典型负荷特性曲线生成、代入测算模型、输出与系统检验、复核。

将典型日负荷数据应用到储能建议容量测算模型中。考虑两个方面的约束：保证消纳能力、确保不超容且不引起需量用户的最大需量增加，得到储能容量和功率的最优解。并进一步考虑实际情况下存在的特殊性，放宽约束，通过电量测算来进行对用户不超容和不引起最大需量增加调节的修正。至此，在减除异常点和特殊生产日下带来的苛刻采样点数据基础上，再灵活增加部分接入容量空间，尽可能按用户储能接入潜力最大化考虑。最后，输出储能建议容量，进行分步检验和复核，保证数据可靠性和输出结果合理性。整体测算流程如图 3-61 所示。

（二）数据概况

本书以峰谷套利下用户收益最大化为目标，且已知两充两放作为最优充放电策略，0.5C 充放电倍率，放电深度按 100% 计算。

以某个月为一个样本周期，用户终端 15 分钟为一个采集时刻点，采集系统导出每日负荷和电量数据：

（1）每 15 分钟节点上的负荷数据。

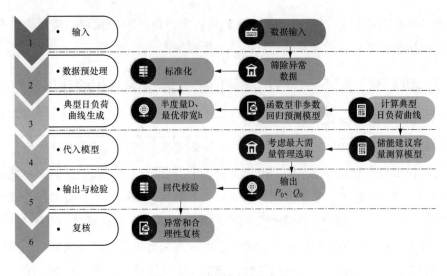

图 3-61 储能容量测算流程图

（2）每 15 分钟内的电量数据。根据目前储能项目常规一年中充放电天数为 300～330 天，允许存在 10% 的停机检修天数，由此推算在 30 天样本中可剔除 3 个异常数据。通过式（3-11）标准差计算法剔除某时刻下的偏离程度最大的 3 个采集点。

$$S^2 = \frac{\sum (X - \overline{X})^2}{n-1} \tag{3-11}$$

（三）研究方案

1. 数据获取

本书使用数据主要为采集系统导出的每 15 分钟为一个采集时刻点的每日负荷和电量数据，采用系统人工导出的方式获取相关数据。

2. 数据准备

（1）用户典型负荷特性曲线提取。对大用户来说，每日的用户负荷波动具有随机性，且受订单量、生产计划和厂休日等影响。因此，需要从历史负荷数据中找寻用户的用电规律，选择出最具有历史代表性的负荷数据集或其负荷特性曲线。我们选取几个代表性的月份，每月用电数据作为样本，采用剔除异常数据后每个采样点的平均值来进行分析。

进一步更精确掌握用户的典型负荷特性，实际上可看作是对该用户中长期日用电负荷的一种预测。在此应用函数型非参数回归模型来得到用户的典型日负荷曲线。

传统数据分析的观点是将历史数据视为变量在不同时刻点上的观测值按时间顺序排列构成的时间序列。然而，处理的很多数据实际上是变量在某个观测区间上的重复观测值，如日负荷数据。基于函数型数据分析的观点，用户日负荷变化是一个连续的变化过程，其本质具有函数特征，记录日负荷变化的日负荷曲线可视为函数型数据。利用函数型数据分析方法可更好地反映用户负荷数据变化的规律，挖掘出更多的数据信息，对用户典型负荷曲线的刻画将更加全面、深刻。

为了使数据更能体现负荷用电行为变化特征，首先采用 Z 标准化对数据进行预处理，如式（3-12），即将日负荷数据变换均值为 0，标准差为 1，即 $X' = \{x'_1, \cdots, x'_n\}$。

$$x'_i = \frac{x_i - \mu}{\sigma}, i = 1, 2, \cdots, n \tag{3-12}$$

式中：μ 和 σ 分别表示日负荷数据的均值和标准差。

负荷变化是在实数空间 R 上取值的随机变量 Z，它在 $t = 0$ 到 $t = nT$ 上的观测值是连续时间序列 $\{Z(t), t \in [0, nT]\}$，且是在观测区间 $[0, T)$ 上的重复观测值，它可以按观测周期 T 划分为 n 个等长的观测段 $S_i = \{S_i(t), t \in [0, T)\}$，有：

$$S_i(t) = Z[t + (i-1)T], t \in [0, T), i = 1, 2, \cdots, n \tag{3-13}$$

用户的日负荷数据是在时间间隔为 15 分钟下的离散时刻点记录的观测值，实际获得的日负荷变化的函数型数据为 $S_i = \{S_i(t_1), S_i(t_2), \cdots, S_i(t_P)\}$，$P = 96$。

建立回归模型的关键是通过已知数据估计回归函数。本书基于非参数核密度估计方法，采用 Nadaraya-Watson（N-W）核估计方法回归函数进行估计，可得回归函数估计式：

$$\hat{r}(x) = \frac{\sum_{i=1}^{n-1} K[h^{-1}D(x, S_i)]Z(iT + a)}{\sum_{i=1}^{n-1} K[h^{-1}D(x, S_i)]} \tag{3-14}$$

式中：K 为核函数，通常选择高斯核函数；h 为带宽，表示核函数在样本点附近的作用范围；D 为半度量，是衡量 2 个函数型样本间的近似程度。

当 $x = X_n = S_n$ 时，根据回归函数的估计式可以预测 $\hat{r}(S_n) = \hat{Z}(nT + a)$，则 $\{\hat{Z}(nT + a), a \in [0, T)\} = \hat{S}_{n+1}$，由式（3-14）可推得典型日负荷曲线的预测模型如下：

$$\hat{S}_{n+1}(t_m) = \sum_{i=1}^{n-1} \omega_i S_{i+1}(t_m), m = 1, 2, \cdots, P$$

$$\omega_i = \frac{K[h^{-1}D(S_n, S_i)]}{\sum_{i=1}^{n-1} K[h^{-1}D(S_n, S_i)]} \tag{3-15}$$

由式（3-15）可知基于函数型非参数回归方法得到的典型日负荷曲线结果是历史日负荷曲线的加权平均，其权重是通过非参数核密度估计方法进行计算，权重大小取决于历史日负荷曲线与待确定的典型日负荷曲线的近似程度。

(2) 相关定义。图 3-62 为浙江现行的大工业分时电价体系下的尖峰谷时间段划分。

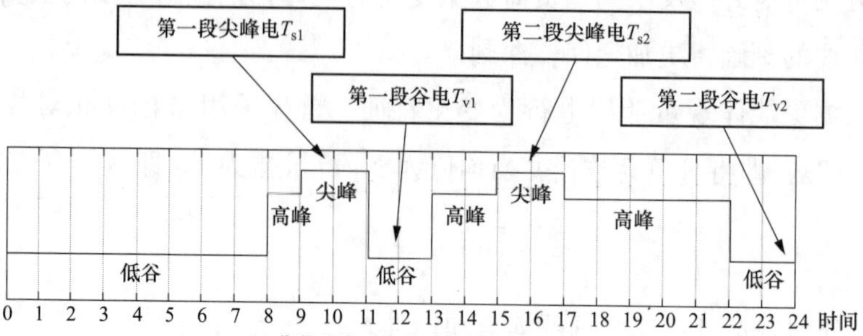

(a) 优化后大工业分时电价体系(平时)

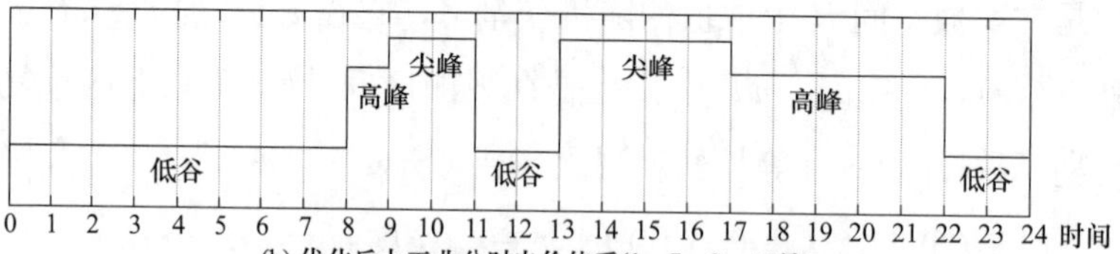

(b) 优化后大工业分时电价体系(1、7、8、12月)

图 3-62 浙江省现行大工业分时电价体系

平时，9:00～11:00 为第一段尖峰时段 T_{s1}，15:00～17:00 为第二段尖峰时段 T_{s2}；11:00～13:00 为第一段谷电时段 T_{v1}，22:00～次日 8:00 为第二段谷电时段 T_{v2}。

3. 模型构建

(1) 模型设计。

1) 保证消纳能力。保证尖峰时段全消纳，以此估计储能容量 Q_1 和储能功率 P_1。理论上，应选择第一尖峰时段 T_{s1} 下用电量 Q_{s1} 与第二尖峰时段 T_{s2} 下用电量 Q_{s2} 的较小值作为最大消纳能力。但考虑因 17:00～22:00 均为峰时段，在峰时段消纳也具有一定经济性，在此放宽 T_{s2} 下全消纳的约束，认为第二尖峰时段放电 80%可满足条件。则储能容量 Q_1 约束为：

$$Q_1 \leqslant \min\left(Q_{s1}, \frac{Q_{s2}}{0.8}\right), \quad P_1 = \frac{Q_1}{2} \tag{3-16}$$

2) 确保不超容、不引起最大需量增加。谷时段充电时不引起用户变压器超容，或引起最大需量用户的基本电费增加，以此估计充电功率为 P_2。对于最大需量用户，选择样本月的最大负荷作为最大需量值。

若按全时段最大充放电功率来充电，应选择第一谷时段 T_{v1} 下最大负荷 PL_{v1} 与第二谷时段 T_{v2} 下最大负荷 PL_{v2} 的较大值，与变压器容量 S 或当月最大负荷为 S_m 的差值作为最大充电功率。但因 22:00～次日 8:00 有 10 个小时的谷时段，夜间可调整降低储能变换器充电功率，充满 10 个小时，则充电功率缩减为白天谷时段充电功率的 1/5。定

义 $S(S_m)$ 与第一谷时段 T_{v1} 下最大负荷 PL_{v1} 之差 $h_1 = S - PL_{v1}$，且 $S(S_m)$ 与第二谷时段 T_{v2} 下最大负荷 PL_{v2} 之差 $h_2 = S - PL_{v2}$。讨论后的储能功率 P_2 的约束为：

约束1：当 $h_1 < h_2$ 时，$P_2 \leqslant S - PL_{v1}$。

约束2：当 $h_2 < h_1 < 5h_2$ 时，$P_2 \leqslant S - PL_{v1}$。

约束3：当 $h_1 > 5h_2$ 时，$P_2 \leqslant S - PL_{v2}$。

则 P_2 的最优选择如下：

$$P_2 = \begin{cases} S - PL_{v1}, & h_1 \leqslant 5h_2 \\ S - PL_{v2}, & h_1 > 5h_2 \end{cases}, \quad Q_2 = 2P_2 \tag{3-17}$$

3）考虑最大需量管理。对于最大需量用户，可能存在以下一类特殊情况。当月尖峰负荷仅一天或少数几天出现，且典型日负荷曲线下谷时段仅有很少一段时间处于高负荷状态，那么以前述谷时段最大负荷测算其储能接入容量则过于保守。此外，通过调整储能变换器充放电功率，可将储能作为用户侧的柔性负荷来管理和控制用户的最大需量，实现减少基本电费的开支。

当考虑能实现储能装置通信可接入储能终端管理平台，可以灵活调节储能变换器端口功率，相应的建议储能容量在此以电量形式进行式（3-17）的重新定义和测算。最大需量值 S_m、可充电量 Q_3、第一谷时段 T_{v1} 下用电量 Q_{v1} 和第二谷时段 T_{v2} 下用电量 Q_{v2} 应满足：

$$Q_3 \leqslant \min\left[(2S_m - Q_{v1}), \left(2S_m - \frac{Q_{v2}}{5}\right) \right], \quad P_3 = \frac{Q_3}{2} \tag{3-18}$$

4）输出与检验。如果受限于第一谷时段 T_{v1} 下最大负荷 PL_{v1} 约束求得的 P_2，即约束1和约束2的情况，因平时分时电价体系下第一谷时段 T_{v1} 下仅有2小时需以最大输出功率满充满放，没有调节空间，应按式（3-17）输出储能容量 Q_0 和 P_0。如果受限于第二谷时段 T_{v2} 下最大负荷 PL_{v2} 约束求得的 P_2，即约束3的情况，夜间有10个小时可分配储能充电时间段及其功率，则以电量约束形式下的式（3-18）输出储能容量 Q_0 和 P_0。

在检验环节，一方面，校验尖峰时段可全部消纳；另一方面，校验谷时段的充电是否超容或超过最大需量值，均回代叠加至典型负荷曲线校验即可。除此之外，对于某些夜间生产负荷相对于日间负荷较高的这一类用户，当其以式（3-18）输出储能容量的特殊情况，若平均到10个小时充电的功率而不超限，即需满足式（3-19），则一定是符合我们要求的。对于仍未满足的用户，放入复核环节，单独提出并考虑需量管理方案制订，再确定储能建议容量。

$$PL_{v2} + \frac{Q_3}{10} < S_m \tag{3-19}$$

最后，复核阶段，参照典型日负荷曲线，确认样本数据是否仍存在异常，检验储能接入后消纳与超限的合理性，进行逐一比对复核。

（2）应用展示。某市"源网荷储一体化"示范区，清洁能源发展早、规模大、密度高，风、光、生物质发电总装机 31.7 万千瓦，其中光伏占比 73.0%，人均光伏达 9.7 千瓦，是浙江省平均水平的 42 倍。2021 年，新能源年发电量达 6.33 亿千瓦时，占全社会总用电量的 30%，新能源渗透率高和消纳难问题凸显。

为此，该市发改部门 2021 年发布了《某市发展和改革局关于推动源网荷储协调发展促进清洁能源高效利用》的指导意见，原则上要求按照新能源项目装机容量的 10% 配置储能，鼓励有条件的地区完善储能项目建设投融资机制，探索多元化融资方式，实现存量光伏同比例配置。

基于当地电网现状，分布式储能建设势在必行，以示范区所在区域的大工业用户为样例，对 81 户用电户负荷数据进行本书模型的储能建议容量测算，筛选潜在储能优质用户。

1）储能接入容量测算结果。选取某新材料生产制造企业 A 公司进行案例分析。该用户为铸造及其他金属制品制造，报装容量 3180 千伏安，交流 20 千伏接入，按容量计基本电费。选取 2021 年 9 月的月负荷数据作为样本集，图 3-63 所示为模型得到日典型负荷特性曲线。

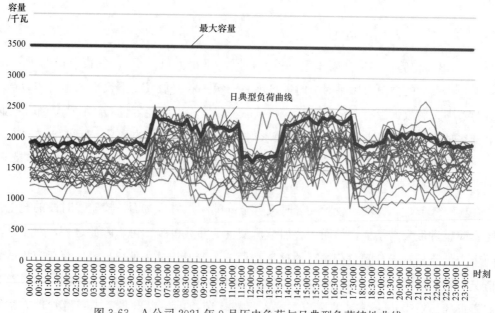

图 3-63　A 公司 2021 年 9 月历史负荷与日典型负荷特性曲线

可以看到该公司的负荷类型为日夜间均生产、日间负荷波动与尖峰谷时段波动相一致，负荷总体波动不大。以日典型负荷数据作为计算集，代入模型经计算得到储能建议容量为 940.4 千瓦/1880.8 千瓦时。经回代检验后满足储能配置要求，不超容且尖峰时段能完全消纳，配置储能后负荷曲线与原典型日负荷曲线对比如图 3-64 所示。

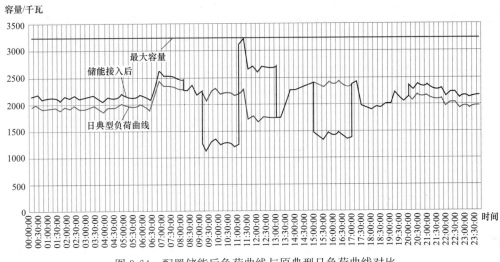

图 3-64　配置储能后负荷曲线与原典型日负荷曲线对比

2）储能潜在用户挖掘结果。按照该算法模型对尖山地区 81 户大用户进行摸排筛选后，储能建议容量在 500 千瓦/1000 千瓦时以上的用户共有 18 家，这部分用户可作为储能潜在优质用户纳入储能用户储备库中。部分大用户储能数据如表 3-44 所示。

表 3-44　　　　　　　　　　　部分大用户储能数据

户号	户名	容量 （千伏安）	储能建议容量 （千瓦/千瓦时）
户号 1	户名 1	4750	1047/2094
户号 2	户名 2	3175	895/1790
户号 3	户名 3	1800	548/1096
户号 4	户名 4	2250	780/1560
...			

（四）应用成效

1. 筛选和挖掘储能潜在优质用户

通过慧眼识"宝"之储能建议容量测算工具，以示范区所在区域作为应用场景试点，发现了一批优质储能潜在用户，并依此充分挖掘大用户储能接入潜力，扩大范围搜索更多用户。

2. 指导大用户储能报装

该模型算法对于用户负荷特性总结全面，排除了偶然性和苛刻条件，讨论应用条件，并考虑普适性下适当放宽了约束，对用户了解生产状况、申请储能接入方案具有较强的指导意义。

3. 预知区域电网用户储能潜力发展

可根据用户负荷变化和生产调整进行滚动修编，更新并录入储能项目储备库，依此对区域电网分布式储能发展有更好动态掌握，对区域电网新能源接入规划提供参考价值。

4. 引领新型储能业务服务，推动储能项目计划实施

新型储能业务对前期报装服务和相关流程加强了理论指导意义，解决了用户和储能投资商的疑难点。同时，响应政府部门的政策实施，助力属地新能源发展研究。

四、深化电力数据挖掘，赋能电网经济运行

（一）问题的提出与分析

随着"双碳"和"双控"政策的进一步实施，电网企业需通过供给侧结构调整和需求侧响应"双侧"（供给侧、需求侧）发力，解决"双高"（高比例可再生能源、高比例电力电子装备）与"双峰"（夏、冬季负荷高峰）问题，关键在于推动能源清洁低碳安全高效利用。而传统电网经济运行管理侧重于"指标导向、专业管控、局部治理"模式，无法从"源网荷储"全边界和建设运行全链条的宏观层面对电网整体运行效能开展分析、评价和管控，一定程度上制约了电网作为枢纽协同提升"源网荷储"全要素能效水平作用的发挥，不利于推动电网侧减碳。同时，外部叠加新冠肺炎疫情、售电市场化及输配电核价监管等多重影响，依靠传统电量规模增长支撑发展的模式难以维持，必须将勤俭节约思想、创新发展思维和精益管理理念贯穿于生产经营各环节，实施质量变革，向管理要效益，进一步加强线损管理，切实保障公司生产经营成果。

目前，对于配电网整体运行水平情况尚未完全摸透，尚未对配电网运行状态开展诊断评价，配电网高损点无法精准识别，特别是大规模新能源接入对于电网运行的影响尚未有效识别与管控，缺少数字化手段开展配电网经济运行监测和评价、管理，进一步指导新能源规范接入和有效运行，促进新能源配套项目持续提升配电网设备经济运行能力，减少能源损耗和资源浪费。

通过对某电网情况进行诊断分析，目前某县电网共接入光伏电站1座，容量3200千瓦；分布式光伏电源3319户，容量201782.81千瓦，2021年海盐光伏发电量1.86亿千瓦时，上网电量0.66亿千瓦时，光伏消纳情况100%。随着分布式光伏不断接入，点多面广的配电网有源网络在不断渗透，负荷低谷区时，局部地区出现潮流反送或逼近有功倒送临界值，如春节期间某县电网光伏面临有功倒送风险，光伏出力最大渗透率为81.72%。

本书通过电力数据构建涵盖"源网荷储"全边界和建设运行全环节的评价指标体系模型，综合运用 Distflow 的最优潮流模型、增量新能源指标的分析预测模型、基于时间轴的用户负荷、电量分析、电能质量扰动影响的配电网损耗计算模型等算法分析电网经济运行的影响因子，有效减少电力在传输过程中的损耗，促进多专业管理高效协同，实现"源网荷储"全交互和电网运行安全效率双提升，最终实现电网公司降本增效。配网经济运行分析应用架构图如图 3-65 所示。

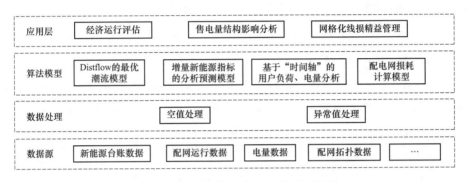

图 3-65　配网经济运行分析应用架构图

（二）数据概况

配电网经济运行及新能源接入分析数据主要包括新能源台账数据、配电网运行数据、电量数据、配电网拓扑数据等电力数据。数据均来源于网上电网、营销业务系统、用电信息采集系统、电能量信息采集系统、OPEN3000 调度系统和 PMS3.0 系统等。

（三）研究方案

1. 数据获取

（1）变压器负荷数据：从云平台获取某县 2022 年 1 月 1 日至 2022 年 4 月 30 日数据，包含变压器 id、日期、a/b/c 电流、电压、有功功率、无功功率、功率因素等。

（2）变压器电量数据：从云平台获取某县 2022 年 1 月 1 日至 2022 年 4 月 30 日数据，包含变压器 id、日期、时刻、电量值等。

（3）线路日电量数据：从云平台获取某县 2022 年 1 月 1 日至 2022 年 4 月 30 日数据，包含线路 id、日期、电量值等。

（4）线路负荷数据：从 OPEN3000 系统获取某县 2022 年 1 月 1 日至 2022 年 4 月 30 日数据，包含线路 id、日期、时刻、电压值、电流值等。

（5）新能源（光伏）台账数据：从云平台获取某县 2022 年 1 月 1 日至 2022 年 4 月 30 日数据，包括发电户号、装机容量、接入位置等。

（6）新能源（光伏）负荷数据：从云平台获取某县 2022 年 1 月 1 日至 2022 年 4 月

30 日数据，包含光伏 id、日期、电流、电压、有功功率等。

（7）新能源（光伏）电量数据：从云平台获取某县 2022 年 1 月 1 日至 2022 年 4 月 30 日数据，包含光伏 id、日期、时刻、发电量与上网电量值等。

2．数据准备

对从网上电网、营销业务系统、用电信息采集系统、电能量信息采集系统、OPEN3000 调度系统和 PMS3.0 系统等系统获取的新能源台账数据、配电网运行数据、电量数据、配电网拓扑数据进行数据预处理。

（1）空值处理。经过校核发现，各纬度数据中的关键字段缺失比例较低，不影响模型构造，因此直接删除缺失样本。

（2）异常值处理。根据采集状态对数据进行过滤，确保了采集的电量数据、负荷数据的准确性，时刻采集的数据中剔除不是整时刻（0、15、30、45）的数据，日采集的数据中提出了每日重复的数据，未发现其他情况的离群点。

3．模型构建

综合运用 Distflow 的最优潮流模型、增量新能源指标的分析预测模型、基于时间轴的用户负荷、电量分析、电能质量扰动影响的配电网损耗计算模型等算法分析电网经济运行的影响因子，研究提升电网经济运行能力。

（1）算法原理。

1）基于 Distflow 的最优潮流模型。Distflow 方程优化模型的转化方法包含如下 3 个步骤：

第一，变量替换及模型降维。

$$-a_{ij}M_1 \leqslant P_{ij} \leqslant a_{ij}M_1 \quad \forall (i,j)/ij \in \Omega_b$$
$$-a_{ij}M_2 \leqslant Q_{ij} \leqslant a_{ij}M_2 \quad \forall (i,j)/ij \in \Omega_b$$
$$-a_{ij}M_3 \leqslant I_{ij} \leqslant a_{ij}M_3 \quad \forall (i,j)/ij \in \Omega_b$$

其中，M_1，M_2，M_3 为足够大的正数。

第二，支路电压降约束的线性化。

引入支路电压的概念对 Distflow 方程进行线性化处理，针对节点 i，定义该节点在与之相连的支路 ij 上的虚拟电压 U_i^{ij} 满足：

$$-(1-a_{ij})M_4 + U_i \leqslant U_i^{ij} \leqslant U_i;$$
$$\forall (i,j)/ij \in \Omega_b$$

其中，M_4 为足够大的正数。

支路闭合时，端点在该支路上的支路电压等于端点电压，支路开断时端点在该支路上的支路电压为 0。从而改写 Distflow 为线性约束：

$$U_j^{ij} = U_i^{ij} - 2(r_{ij}P_{ij} + x_{ij}Q_{ij}) + (r_{ij}^2 + x_{ij}^2)I_{ij}$$
$$\forall (i,j)/ij \in \Omega_b$$

第三，二阶锥松弛。

将支路视在功率二次约束松弛为锥形约束：

$$U_i I_{ij} \geqslant P_{ij}^2 + Q_{ij}^2$$
$$\forall (i,j)/ij \in \Omega_b$$

由此，可得约束条件。

潮流约束：

$$\sum_{i \in u(j)} [P_i - r_{ij}\tilde{I}_i] = \sum_{k \in v(j)} P_{jk} + P_j$$

$$\sum_{i \in u(j)} [Q_i - x_{ij}\tilde{I}_i] = \sum_{k \in v(j)} Q_{jk} + Q_j$$

$$\tilde{U}_j^{ij} = \tilde{U}_i^{ij} - 2(r_{ij}P_{ij} + x_{ij}Q_{ij}) + [(r_{ij})^2 + (x_{ij})^2]\tilde{I}_{ij} \ \forall (i,j)/ij \in \Omega_b$$

$$\tilde{U}_I \tilde{I}_{ij} \geqslant P_{ij}^2 + Q_{ij}^2 \ \forall (i,j)/ij \in \Omega_b$$

$$P_i = P_{i,uth} + P_{i,DG} - P_{i,L}$$

$$Q_i = Q_{i,uth} + Q_{i,DG} - Q_{i,L}$$

$$-a_{ij}M_1 \leqslant P_{ij} \leqslant a_{ij}M_1 \quad \forall (i,j) \,|\, ij \in \Omega_b$$

$$-a_{ij}M_2 \leqslant Q_{ij} \leqslant a_{ij}M_2 \quad \forall (i,j) \,|\, ij \in \Omega_b$$

$$-a_{ij}M_3 \leqslant \tilde{I}_{ij} \leqslant a_{ij}M_3 \quad \forall (i,j) \,|\, ij] \in \Omega_b$$

$$0 \leqslant \tilde{U}_i^{ij} \leqslant a_{ij}M_4 \quad \forall (i,j) \,|\, ij \in \Omega_b$$

$$-(1-a_{ij})M_4 + \tilde{U}_i \leqslant \tilde{U}_i^{ij} \leqslant \tilde{U}_i \quad \forall (i,j) \,|\, ij \in \Omega_b$$

运行安全约束：

$$\tilde{I}_{ij} \leqslant (I_{ij}^{max})^2$$

$$(U_i^{min})^2 \leqslant \tilde{U}_i \leqslant (U_i^{max})^2$$

$$\hat{U}_i(S_{uth}, S_{DG}, S_L) \leqslant (U_i^{max})^2$$

辐射形结构约束：

$$\sum_{ij \in \Omega_b} a_{ij} = N_{bus} - 1$$

2）增量新能源指标的分析预测。分布式电源对系统损耗大小的影响，取决于分布式电源的位置、分布式电源的接入容量及网络的拓扑结构等因素。当分布式电源注入不同容量时系统的最小网损出现在不同节点。当规划在系统的中、末端时，网损先增加后减少，网损最小点不断前移，出现在注入容量小于负荷容量的情况下。且容量输出接近负荷容量时，网络损耗开始大于未接入时的网损。

需要经过配电网潮流计算，仿真各接入点距离、接入容量模拟计算理论线损，模拟计算出接入后对接入设备无功、电压质量、负载率、功率因数、峰谷差、线损率等经济运行指标，通过比较分析，给出合理接入点位置建议。不同方案仿真结果如图 3-66 所示。

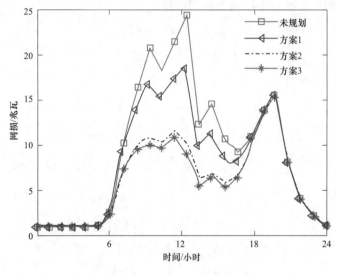

图 3-66　不同方案仿真结果

3）基于时间轴的用户负荷、电量分析。拟基于相同行业用户负荷负载率增长基本一致的假设，提出了基于负荷负载率的曲线拟合，其思路为：首先，获取充足的每类用户基础数据；其次，计算各用户逐月的负荷负载率；再次，由同类用户相应月的负荷负载率求取平均值，计算得到每类行业用户的各月负荷负载率；最后，每类行业用户饱和度由该类负荷负载率转换而成。

假设每类用户经调研后获取到数据的数为 $M^{(k)}$（k 表示用户类型编号），用户负载率定义为：

$$\beta_{i,j}^{(k)} = \frac{P_{i,j}^{(k)}}{S_{i,j}^{(k)} \times \cos\varphi} \times 100 \tag{3-20}$$

式中：i 表示第 k 类用户行业调研数据中的用户，$i=1，2，\cdots M^{(k)}$；j 表示年份，$j=1$，$2，\cdots，N-1$；$\beta_{i,j}^{(k)}$ 表示第 k 类用户类型、第 i 个用户、第 j 月的月最大负载率，单位%；$P_{i,j}^{(k)}$ 表示第 k 类用户类型、第 i 个用户、第 j 月的月最大负荷，单位千瓦；$S_{i,j}^{(k)}$ 表示第 k 类用户类型、第 i 个用户、第 j 月的月最大受电容量，单位千伏安；$\cos\varphi$ 配电变压器功率因数，一般取 0.85。

第 k 类用户行业的 $N-1$ 个负荷平均负载率可表示为：

$$B_j^{(k)} = \frac{\sum_{i \in A_j^{(k)}} \beta_{ij}^{(k)}}{|A_j^{(k)}|} \tag{3-21}$$

式中：$B_j^{(k)}$ 表示第 k 类用户行业、第 j 月的平均负载率。

4）电能质量扰动影响的配电网损耗计算模型。

一是三相不平衡下配电网损耗计算模型。

当线路处于三相不平衡状态时，三相电压、电流相量不对称。根据对称分量法，任意一组不对称的三相电流相量 I_A、I_B、I_C 可以分解为三组三相对称的电流相量，即正序电流 I_1、负序电流 I_2 和零序电流 I_0，同时满足公式（3-22）：

$$I_A^2 + I_B^2 + I_C^2 = 3(I_1^2 + I_2^2 + I_0^2) \tag{3-22}$$

式中：I_A、I_B、I_C 分别为 A 相、B 相、C 相电流相量的有效值。

当线路处于三相不平衡状态时，中性线将有零序电流流过，此时三相四线制的线路损耗为：

$$\Delta P_L = 3(I_1^2 + I_2^2 + I_0^2)R + (3I_0^2)^2 R_L \tag{3-23}$$

式中：I_1、I_2、I_0 分别为正序电流、负序电流、零序电流；R、R_L 分别为相线电阻、中性线电阻。

配电变压器损耗为：

$$\Delta P_T = (I_1^2 + I_2^2 + I_0^2)R_T \tag{3-24}$$

式中：I_1、I_2、I_0 分别为正序电流、负序电流、零序电流；R_T 分为配电变压器等值电阻。

二是谐波下配电网损耗计算模型。

为了描述单次谐波畸变的严重程度，这里使用第 h 次谐波电流含有率 HRI_h 来描述，公式为：

$$HRI_h = \frac{I_h}{I_1} \times 100\% \tag{3-25}$$

式中：h 为谐波次数；I_1 为基波电流的有效值；I_h 为第 h 次谐波分量电流有效值。

线路在高次谐波电流的影响下存在趋肤效应，进而使阻抗值改变。本书采用应用比较广泛的确定谐波阻抗的方法。即线路的各次谐波阻抗公式为：

$$R_h = \sqrt{h}R_L \tag{3-26}$$

式中：R_L 为导体的基波电阻值；R_h 为第 h 次谐波的电阻值。

谐波主要对变压器等值电阻畸变，附加损耗公式为：

$$\Delta P_T = \sum_{h=2}^{\infty}(I_{Ah}^2 + I_{Bh}^2 + I_{Ch}^2)\sqrt{h}R_T \tag{3-27}$$

式中：I_{Ah}、I_{Bh}、I_{Ch} 分别代表第 h 次谐波电流；$\sqrt{h}R_T$ 表示考虑趋肤效应和邻近效应后的谐波电阻。

当配电线路中只存在谐波时，其附加损耗公式为：

$$\Delta P_{\mathrm{L}} = \sum\nolimits_{h=2}^{\infty} (I_{Ah}^2 + I_{Bh}^2 + I_{Ch}^2)\, \sqrt{h}\, R_{\mathrm{L}} \tag{3-28}$$

式中：I_{Ah}、I_{Bh}、I_{Ch} 分别代表 h 次谐波电流；$\sqrt{h}\,R_{\mathrm{L}}$ 表示考虑趋肤效应和邻近效应后的谐波电阻。

（2）经济运行评估。

1）经济运行评估。构建全方位、多维度、可视化实施配电网运行状态实时监测平台，支撑电网经济运行主要指标多维度关联分析，开展电网经济运行能力评估和降损辅助决策。图 3-67 为 4 月经济运行评估得分。

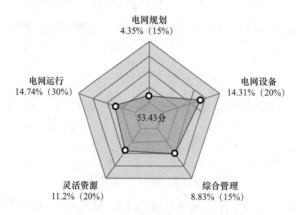

图 3-67　4 月经济运行评估得分

根据 2022 年 4 月评估结果显示，电网规划指标得分最低，对此进行进一步穿透分析，主要是由于中低压平均供电半径合格率分最低，从而导致整体得分偏低，某供电公司总低压台区数为 36432 个，其中合格的仅为 21891 个；中线路 3048 条，合格的线路条数为 2460 条。

2）电网经济运行仿真。基于电网拓扑和实时量测数据，通过数字孪生技术，模拟分析配网联络开关位置、设备参数变化等多场景下电网运行指标，量化不同运行状态下的电网运行效能，从经济运行的角度为电网项目规划投资和电网运行提供决策支持。图 3-68 为 4 月线路仿真结果展示。

根据 2022 年 4 月统计结果分析显示，某市月度输入电量 247192.16 万千瓦时，输出电量 23870.68 万千瓦时，售电量 24614.17 万千瓦时，全市线损率为 1.77%，负载率为 14.75%，重载率为 1.04%。选中某条具体线路之后，可以看到线路的这些信息，如某条线路负载率过高，我们就可以选中其线路及相关线路，进行联络位置仿真模拟，系统模拟计算出最佳开关站开/关状态，以达到降低高负载线路的负载情况，以确保整个电网稳定、高效运行。

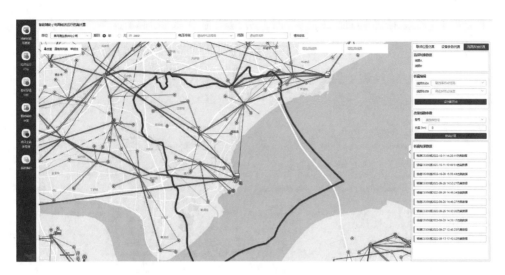

图 3-68　4 月线路仿真结果展示

3）售电量结构影响分析。构建售电量结构影响分析功能，展示目前不同电压等级无损用户数量、容量、电量及占比情况，基于业扩在途流程及营销摸排待接入用户储备库清单，进行无损用户关联分析，了解售电结构发展趋势，指导预测线损变化方向。图 3-69 为 4 月售电量结构影响分析。

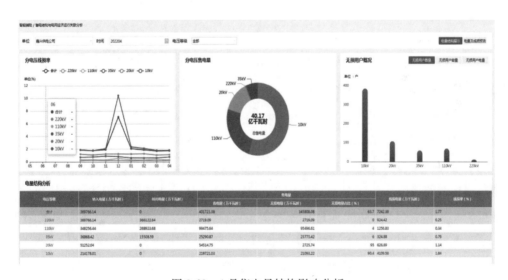

图 3-69　4 月售电量结构影响分析

根据 2022 年 4 月评估结果显示，后续陆续将有 4 个 110 千伏大用户投产，投产用户容量 35.6 万千伏安。35 千伏将有 2 个大用户投产，投产用户容量 3.2 万千伏安。结合后续公司整体售电量的增长预测，预计该市 110 千伏、35 千伏分压售电量增速大于整体售电量增速，110 千伏、35 千伏分压线损率将进一步下降。

4）网格化线损精益管理。构建分时、分段线损分析研判模型，实现分区、分压、分线、分台区、分时、分段的"六分"穿透，构建"网格化穿透式"分析研判体系，实现线路、台区和用户的全时全方位线损监测与异常诊断。图 3-70 为该市某公用变压器台区线损情况。

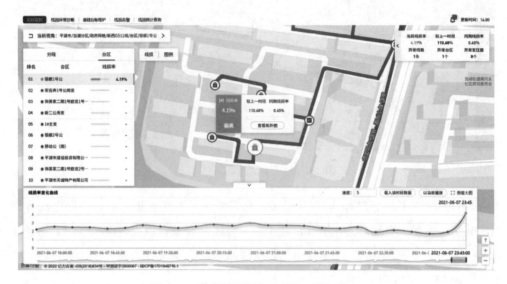

图 3-70 该市某公用变压器台区线损情况

通过网格化线损精益管理穿透分析功能，发现由于该公用变压器台区线损率为 4.19%，比较上一时段突增了约 1.11 个百分点。查看台区拓扑后，判断是由于 2 条台区支路上线损较大影响到了台区线损率。

（四）应用成效

1. 不断提升同期线损指标

截至目前，公司累计综合线损率下降至 2.53%，相比目标值下降 0.17 个百分点；同期线损在线监测率从 95.74% 提升至 99.58%；10 千伏分线同期线损达标率从 95.45% 提升至 99.73%，台区同期线损达标率从 98.52% 提升至 98.66%。全县高损线路为 0 条，线路低损占比为 86.45%，同比去年提高 16.67 个百分点；高损台区为 4 个，占比总台区 0.12%，台区低损占比 89.58%，同比去年提高 0.19 个百分点。

2. 优化光伏选址定容

该项目有效支撑开展分布式光储的最优接入位置与容量规划，可以有效解决因分布式电源无序接入后引起的配电网电压越限，电能质量下降，和用电安全问题。在综合考虑后续运行的约束条件下，实现配电网综合运行经济性最优的目标，可以为配电网分布式电源运行规划人员提供参考，提高规划效率与分布式电源接入的合理性。

3. 提升电网运行效益

该项目实现单条10千伏线路的优化运行，通过配电网联络开关的经济运行联络位置仿真计算给出配电网的最优联络开关配置，为配电网的实际运行提供理论依据。基于新能源及储能的装机、渗透率、负荷情况、发电量等监测数据与电网拓扑信息，开展新能源不同接入方式和运行调控方式下对电网经济运行的影响分析，提供新能源并网位置、容量等接入方案优化，新能源经济运行方式优化，以及电网降损适应性改造项目建议。解决过去分段开关和联络开关在理论指导下，依赖运行人员经验的配置模式下难以保证配电网运行在最优状态，导致网损偏高和一些潮流运行越限问题。截至目前，设备经济负载运行占比（负载率在40%~65%）提升2.95个百分点；设备功率因数（0.9以上）合格率提升2.41个百分点；配电变压器三相不平衡（三相不平衡度小于25%）合格率提升3.62个百分点；用户年平均停电时间缩减至1.31小时，供电可靠性提升至99.9904%，电压合格率达99.923%，故障工单同比减少30%，获得电力满意度持续提升。

4. 社会效益有效凸显

有力支撑"碳达峰、碳中和"战略目标实施和浙江清洁能源示范省创建，进一步推动新型电力系统建设落地，提升能源互联形态下配电网经济运行水平和管理成效。

第四章 电力大数据技术展望

第一节 人工智能

一、人工智能简述

人工智能（artificial intelligence，AI）是研究、开发用于模拟、延伸和扩展人的智能的理论、方法、技术及应用系统的一门新的技术科学。人工智能一词最初是在 1956 年的达特茅斯（DARTMOUTH）学会上提出的，经过跌宕式发展，近年来已成为引领未来的战略性技术。2016 年 10 月，美国发布《国家人工智能研究和发展战略计划》，制定了国家人工智能发展路线和策略。2016—2017 年，我国先后印发了《"互联网＋"人工智能三年行动实施方案》《新一代人工智能发展规划》《促进新一代人工智能产业发展三年行动计划（2018—2020 年）》等文件，积极谋划人工智能产业发展布局，构筑我国人工智能发展的先发优势。

二、人工智能应用场景

作为革命性技术，人工智能在电力行业的应用涵盖了电力生产、传输、分配和使用的各个方面，可以为电力行业提供更智能、更高效、更安全的管理和运营方式，推动电力行业的可持续发展[39]。目前，我国电力行业正抢抓人工智能发展机遇，积极探索人工智能应用，推进产业智能化升级。国家电网公司和南方电网公司分别进行了许多有效尝试，并与互联网企业合作，深化人工智能应用创新。

（1）电网系统规划方面，运用人工智能算法可以对建设目标进行优化设计，快速提出设计方案，提高系统规划科学性。

（2）在智能调度方面，利用人工智能的推理和优化能力，可根据电力系统的运行状态和需求进行智能调度，找到电力系统的优化运行策略，保持电力系统稳定、高效运行。

（3）负荷预测方面，通过人工智能的预测技术，可以预测电力系统的未来负荷，从而提前进行调度和调整，提高电力系统的可靠性和稳定性。

（4）设备监测与维护方面，人工智能可以监测电力设备的运行状态，预测其使用寿命，提前进行维护和维修，避免设备故障和停电事故。

（5）需求侧响应方面，人工智能可以根据电力系统的需求变化，自动调整电力供应，实现需求侧响应，提高电力系统的灵活性和适应性。

（6）市场营销方面，运用人工智能技术可以预测电力需求、预判市场走势、降低交易风险、建立高效安全的自动化电力交易机制，从而提高电力市场交易的经济效益和风险管控能力。

三、新型电力系统与人工智能

随着人工智能技术学习能力、泛化能力、可解释性、人机互动等方面的提升与突破，融合先验知识的机器学习方法，可以更清晰表征电网的时空特征；基于数据知识融合驱动建模，辅助提升或弥补机理模型；基于群体智能、混合增强智能、精准智能等，实现复杂环境下的优化计算，这些都将为系统的调控提供决策支持，实现电力系统各要素之间的协同控制和优化配置。

（一）源网荷储广域协同应用

新型电力系统面临的主要挑战是解决新能源的高效送出、消纳以及系统的平衡稳定，人工智能技术的广泛应用有助于多资源广域配置及运行优化，提升源网荷储协同水平，主要表现在三个方面。

（1）基于规划、运行、天气等海量数据，利用人工智能技术对新能源出力及负荷需求通道输送能力进行精准预测。

（2）构建电力系统大规模模型，结合弹性输电技术和多端直流网进行多综合能源的快速功率互补及调配，利用不同地区气候差异、不同类型能源发电特征差异，在更广域范围内实现新能源出力的互补，降低波动性、随机性的影响。

（3）基于跨区域、全寿命、多尺度、高安全复合维度的数据融合和特征挖掘，实现电网数据的分层分域分权协同管理，构建电网精准仿真的智能数据管理平台。通过智能决策技术优化资源配置，动态调配优化各能源基地外送通道的输电潜力，提升跨区域外送通道的整体外送能力。

（二）台区微电网智能自治

台区微电网通过人工智能（边缘计算）对天气、用户行为及系统外特性的统筹判断实现台区自治，形成智能微电网。

通过微电网将分布式新能源、储能、负荷及多种能源聚合，利用深度神经网络等技术构建短期负荷预测及发电预测模型，通过深度强化学习等技术进行多种能源的综合利用，构建各耦合元件和储电、储热、储气等储能设备的互动方式，协调可控发电机与分布式新能源之间的配合，同时在多微电网主体或者多运营商之间的博弈互动及需求响应的条件下，通过边缘计算对分布式的智能体进行管理，通过各智能体与相邻智能体之间的通信，来优化各智能体的调度策略，在满足微电网自治要求的同时，提高新能源消纳能力，降低微电网运营成本，将微电网自身收益最大化。

展望"十四五"，要实现能源清洁、低碳转型的巨大变革，电力系统面临重大挑战。构建新型电力系统，开展能源互联网建设，实现系统的数字化、智能化升级是实现能源转型变革的有力支撑。通过建立"源网荷储"广泛互联的全要素协同支撑平台，将能源互联网物理系统映射到可计算、可仿真、可优化、可决策的数字空间；在数字空间，人工智能技术以数字赋能、数据驱动为核心理念，提供解决能源互联网动态、不确定、机理模糊、控制复杂等难题的具体手段，支撑新能源大规模供给消纳，使新型电力系统更加有序、更加智能。

第二节　联邦学习

联邦学习是一种分布式计算模型，通过加密和去中心化的方式，实现不同机构、部门之间数据的隔离和安全共享，具有较高的数据保护性和合规性。

一、联邦学习简述

联邦机器（federated learning），全称联邦机器学习（federated machine learning），是一个机器学习框架，通过多个设备或数据拥有方之间的协同训练实现机器学习模型，而无须将所有数据集中在一起，因此多个参与方之间不需交互数据，从而在满足用户隐私包含、数据安全和政府法规要求的同时实现高效的机器学习。在联邦学习框架下，各个设备或数据拥有方可以在本地训练模型，然后将其模型参数上传至一个中心服务器，服务器将各个模型的参数进行合并（如通过加权平均），并下发至各个设备或数据拥有方，以更新其模型。联邦学习作为一种能够在分布式环境下实现模型训练的新兴技术，在大数据应用中主要具有以下几个优势。

（1）联邦学习通过加密和去中心化方式，实现不同单位之间的数据隔离和模型聚合，具备数据隔离性，有效避免了数据泄露的风险。

（2）联邦学习采用分散式计算方式，使得部分数据被分布式存储在各个节点上，从而保证数据安全，避免单点失效的情况。

（3）联邦学习通过设计合适的协议，使得参与方对数据使用和共享具有更高的掌控权和透明度，从而保护数据合规性。

二、联邦学习应用场景

随着电网建设的不断完善和电力市场化改革的深入推进，电力数据包含越来越多重要的商业机密和用户隐私信息，泄露风险也是一个不容忽视的问题。与此同时，随着数字中国、数字经济建设的进一步深化，电力行业内部各单位各部门之间、电力行业与外部政府及各行各业数据融合应用的需求越来越迫切，如何既保证数据安全性、隐私性、合规性，又不掣肘跨行业、跨部门的数据融合应用，成为电力大数据面临的一个巨大挑战。因此，联邦学习在电力大数据中也具有广泛的应用场景。

（1）电能质量分析。通过联邦学习的方式，将不同地区、不同电网的电能数据进行隔离处理，并在保证数据隐私性和安全性的前提下，对电能质量数据进行深度学习模型训练，加强对电能质量异常情况的识别和预测能力。

（2）电压稳定性评估。针对电力系统中的电压稳定性问题，通过联邦学习方式，将各区域、各节点的电压数据传输到云端，利用联邦学习算法实现模型训练，提高对电压稳定性的预测和控制能力。

（3）用电负荷预测。通过联邦学习的方式，将不同用户的用电数据进行隔离处理，利用联邦学习算法训练出一个全局模型，该模型可以有效地预测未来一段时间内的用电负荷情况。这对于电力调度和资源配置具有重要意义。

（4）电能消耗优化。通过联邦学习的方式，将用户能源消耗数据进行隔离，利用联邦学习算法训练出一个全局模型，该模型可以优化电力系统的运行效率和能源利用率。

（5）客户需求分析。通过联邦学习的方式，将不同地区、不同用户的需求数据进行隔离，训练出一个全局模型，该模型可有效地预测用户的需求变化趋势，为电力公司提供更精准的服务和资源配置。

（6）电价预测。通过联邦学习的方式，将不同地区、不同市场的电价数据进行隔离处理，并在保证数据隐私性和安全性的前提下，对电价进行深度学习模型训练，加强对电力市场价格波动的预测和掌控能力。

三、挑战与未来发展

尽管联邦学习已经在电力大数据处理中取得了一些重要的成果，但仍然面临着一些挑战和问题。

（1）数据安全性和隐私保护。联邦学习中的数据安全性和隐私保护是一个重要的问题。当前，虽然有一些加密技术可以对数据进行保护，但仍面临着一定的攻击风险。因此，需要进一步研究和优化数据安全和隐私保护技术，以防止数据泄露和滥用。

（2）数据异构性和分布式特点。由于电力大数据的异构性和分布式特点，使得联邦学习过程非常复杂和困难。因此，需要通过更有效的算法和技术来优化联邦学习过程，以提高模型训练效率和准确性。

（3）参与方合作问题。在联邦学习中，各参与方往往拥有不同的利益和需求，这可能会导致一些参与方不愿意合作或者提供数据，从而影响联邦学习的效果。因此，需要加强参与方之间的沟通和协作，建立更加稳定和可靠的联邦学习平台。

（4）模型鲁棒性问题。联邦学习可能面临数据分布不均、噪声干扰等问题，这可能会导致模型的不稳定性和泛化能力差。因此，需要对联邦学习算法进行优化，提高模型鲁棒性和泛化能力。

针对以上挑战和问题，研究人员也提出了以下发展趋势。

一是进一步优化联邦学习算法。目前，联邦学习算法仍然存在一些问题和限制，需要进一步探索新的算法和技术来提高联邦学习效果和模型性能。

二是加强联邦学习系统的标准化和规范化。为了促进联邦学习技术的应用和推广，在联邦学习系统设计和实现时需要考虑标准化和规范化问题，以方便各方之间的交互和合作。

三是建设和优化联邦学习平台。为提高联邦学习效率和安全性，需要建立更加稳定、可靠、高效的联邦学习平台，并对其进行不断优化和升级。

第三节　区块链

区块链作为一种新兴技术，近年来受到全社会的广泛关注，同时在金融领域已有较多的应用并得到持续发展。随着区块链技术的发展和逐步成熟，其在能源领域的应用已有初步的探索和研究，国内外均有科技企业或电力企业尝试将区块链技术应用于能源领域乃至电力行业，并将为电力行业带来较为深刻的变革。

一、区块链简述

区块链（blockchain）是指通过去中心化和去信任方式集体维护一个可靠数据库的技术方案。区块链具有"去中心化""信息不可篡改""信息透明""可共同维护"等技术特点，并基于这些特征奠定了坚实的"信任"基础，创造了可靠的"合作"机制。

基于数据的角度，区块链是一种几乎不可能被篡改的分布式数据库，包括数据的分布式存储和数据的分布式记录。而从技术角度来看，区块链并不是一种单一的技术，而是数据读取、数据存储、数据加密、数据挖掘等多种技术整合的结果，这些技术以新的结构组合在一起形成一种新的数据记录、存储和表达的方式。

二、区块链技术应用场景

随着电力大数据涉猎范围不断扩大，电力大数据共享及应用的深度和广度快速提升，如何保证数据安全性、隐私性、合规性等，成为电力大数据处理面临的一个巨大挑战。因区块链技术有去中心化、不可篡改及可追溯性、隐私保护、高效性等特征，在电力能源领域也日渐得到应用。目前，国内外能源企业和科技企业均已开展相应的技术探索和应用试点，并取得了一定的正向反馈。据统计，69％的区块链能源项目是与电力相关，说明区块链在电力行业的应用是整个能源领域相对较为深入的行业，具备较强的技术累积和应用经验。

现阶段区块链技术在电力行业的应用主要面向数字化精准管理和金融及业务交易两个版块。精准化管理使得电网能够重新建模，实现精确管理和结算，实现绿色电力溯源、虚拟电厂功能，同时能够帮助精准管理电力生产与消纳，实现科学高效的发电和用电。同时，区块链技术的特征，使得电力数据的隐私安全能够得到较全面的保障，赋能电力大数据应用，强化电力数据流通互信。金融及业务交易是另一个区块链技术集中应用的电力行业板块，主要体现为电力金融、电力交易及微电网和共享充电桩等场景下用户之间的直接交易。区块链的技术特征能够提供可靠、快速且公开的方式记录并验证金融及业务交易，降低电力保险、资产审批等信息核验与中介成本，提高电力金融、保险信用安全性、可靠性并防范相关场景中的违约行为。

我国电力企业及科技公司均开展了大量区块链技术在电力行业的应用研究和试点工作。如国家电网公司2017年即开展研究，2019年成立国网区块链科技（北京）有限公司，发布电力结算、电费金融等产品，同时在新能源云、综合能源等场景形成解决方案，而2017年国网浙江省电力有限公司与国网信息通信产业集团有限公司共同研发区块链平台并已在浙江电科院部署测试；南方电网公司则在2018年开始建设区块链绿证交易管理系统，2020年南方电网公司区块链平台通过项目初验，南方电网公司积极在可再生能源消纳、电力交易、财务金融等领域验证探索。

三、区块链技术应用展望

随着我国电力市场化交易、能源升级转型、"双碳"战略目标实施等重要举措的开展，区块链技术将在电力行业发挥更为重要的作用，有着广阔的应用前景。

（一）绿色能源中的应用

过去，电力行业中心化模式使得电网供给侧和用户侧精准匹配能力存在限制，无法高效利用电力。区块链技术强调去中心化、自治性、市场化和智能化特性，通过分散、自治和高效的系统记录设备所有权和运行状态，自动读取智能电能表，结合人工智能技术预测能源需求等，可使未来能源消耗变得更加智能，形成科学高效的能源供需解决方案。

在分布式发电和电网利用率提升方面，通过区块链技术可安全便捷地将各类分布式资源纳入电网平衡过程。利用大量的分布式资源可创建"虚拟发电厂"，提供与集中式发电厂相同的服务。用户可以从自有资产中获益，大大降低电力系统的运营成本，大幅提升电网利用率，并显著提高可再生能源、能效和清洁能源资产等纳入电网运营的能力。

随着大规模、高比例的新能源机组接入电力系统，导致绿电交易、新能源消纳等高负载型智能双边交易场景的处理需求不断提升。因此，区块链技术在混合型存储、多级缓存、内置合约、分层共识、跨链技术等方面的优化将成为新型电力系统服务"双碳"目标的重要途径。同时，区块链也应发挥自身信任传导优势，全面融入碳排放智能监测、精准计量等服务体系，加强数据溯源与接入，提升对碳监测、碳金融等功能的支撑，有效提升新型电力系统的环境效益。

（二）电力大数据管理中的应用

电子信息通信技术的迭代已成为电力系统发展的另一动力，随着信息化技术和电子电力设备在电力系统中的广泛使用，发、输、变、配、用各环节数据海量增加，但各专业系统间信息无法实现互联互通，形成数据孤岛，造成电网运行的穿透式管控无法顺利实施。基于区块链的能源大数据管理能够利用区块链的分布式存储、多方共同维护、不可以伪造和篡改等特性达成数据的安全存储、确权溯源及公开共享。同时，能够与其他新一代信息技术融通，将信息系统从供给侧和需求侧采集的数据进行预处理、拆分、计算、检索、分发，实现供需自动撮合、绿色电力溯源、能源态势感知和能源自动转换，为政府监管、需求侧用能、能源调度和用能分析提供有效支撑。

（三）电力市场中的应用

随着新型电力系统中分布式新能源电力机组占比提高，电力交易的类型也由传统按计划需求统一组织的计划式向直接交易、就近消纳转变的分布式转变，区块链技术的去中心化特性能够与电力交易的适应性转变契合，提升新能源电力交易的即时性，推动新能源参与现货交易市场并构建中长期交易机制。区块链技术基于分布式交易中各节点地位平等，以报价加密传输、智能合约和共识机制达到电力自动交易、自动结算和良性竞争，实现交易安全透明、产销利益最大化和交易均衡竞争，有效支撑电力交易的市场化运作，提高市场效率，有利于交易市场的长期稳定发展。

　　碳排放权的市场化交易日渐成熟，是电力系统低碳运作的重要保障，基于区块链的碳排放交易解决方案可实现碳交易配额分配、交易、消耗等过程的全流程数据实时跟踪记录，并且将企业信息、交易价格等各种数据附加在配额数据中，实现后期对各项数据的综合分析，有效解决了现有交易中存在的数据不真实、追溯难、监管难等问题。依托区块链技术构建电碳市场联动，积极融入全国统一电力市场建设，形成以区块链为动力构建电力市场数字生态，提升电力市场的兼容性，适应市场机制变化。

参 考 文 献

[1] 国家互联网信息办公室. 数字中国发展报告（2022 年）[R]. 北京. 2022.

[2] 中国电机工程学会电力信息化专业委员会. 中国电力大数据发展白皮书 [M]. 北京：中国电力出版社，2013.

[3] 陈海文，王守相，梁栋，等. 用户节电的大数据分析及应用 [J]. 电网技术，2019，43（4）：258-267.

[4] 张妍，毕得. 电力大数据在社会治理中的作用 [EB/OL]. [2021-7-26]. http://www. iii. tsinghua. edu. cn/info/1058/2738. htm.

[5] 盛海华，王德林，马伟，等. 基于大数据的继电保护智能运行管控体系探索 [J]. 电力系统保护与控制，2019，47（22）：168-175.

[6] 白浩，袁智勇，梁朔，等. 基于大数据处理的配网运行效率关联性分析 [J]. 电力系统保护与控制，2020（6）：61-67.

[7] 卢巍，施程辉，吴靖，等. 基于根因分析的电力监控系统日志大数据处理方法 [J]. 浙江电力，2019，38（12）：70-75.

[8] 王少华. 基于大数据技术的配电网诊断方法研究与实现 [D]. 江苏：江苏大学，2019.

[9] 戚聿东，杜博，温馨. 国有企业数字化战略变革：使命嵌入与模式选择——基于 3 家中央企业数字化典型实践的案例研究 [J]. 管理世界，2021，37（11）：137-158.

[10] 王磊，王猛. 在配电网中应用大数据的机遇与挑战 [J]. 民营科技，2017（10）：90.

[11] 陈发勤. 刍议目前几种常用的输变电技术及其应用 [J]. 企业改革与管理，2014，245（24）：168-169.

[12] 晁晖. 中国新能源发展战略研究 [D]. 湖北：武汉大学，2015.

[13] 张沛，杨华飞，许元斌. 电力大数据及其在电网公司的应用 [J]. 中国电机工程学报，2014，34（11）：85-92.

[14] 陈超，张顺仕，尚守卫，等. 大数据背景下电力行业数据应用研究 [J]. 现代电子技术，2013，36（24）：8-11.

[15] 程学旗，靳小龙，王元卓，等. 大数据系统和分析技术综述 [J]. 软件学报，2014，25（9）：1889-1908.

[16] 段军红，张乃丹，赵博，等. 电力大数据基础体系架构与应用研究 [J]. 电力信息与通信技术，2015，13（2）：92-95.

[17] 丁杰，徐建，王春毅，等. 迎战大数据 [J]. 电力信息化，2013，11（2）：5-10.

[18] 蔡德福，曹侃，唐泽洋，等. 电力行业信息化优秀论文集 2014——2014 年全国电力行业两化融

合推进会暨全国电力企业信息化大会获奖论文［J］. 湖北电力，2016，43（6）：22-26.

［19］ 杨楠，黄镜宇，高丽芳. 大数据时代对电力行业的影响和发展前景［C］. 中国电力企业联合会科技开发服务中心. 电力行业信息化优秀论文集2014——2014年全国电力行业两化融合推进会暨全国电力企业信息化大会获奖论文. 湖北：［出版者不详］，2014：907-912.

［20］ 谢清玉，张耀坤，李经纬. 面向智能电网的电力大数据关键技术应用［J］. 电网与清洁能源，2021，37（12）：39-46.

［21］ 薛禹胜，赖业宁. 大能源思维与大数据思维的融合（一）大数据与电力大数据［J］. 电力系统自动化，2016，40（1）：1-8.

［22］ 陈驰，马红霞，赵延帅. 基于分类分级的数据资产安全管控平台设计与实现［J］. 计算机应用，2016，36（S1）：265-268.

［23］ 何辉，孙博，薛欢. 浅谈电力设备在线监测中物联网传感器技术的应用［J］. 电子世界，2020，589（07）：170-171. DOI：10. 19353/j. cnki. dzsj. 2020. 07. 097.

［24］ 李学龙，龚海刚. 大数据系统综述［J］. 中国科学：信息科学，2015，45（1）：41-44.

［25］ 王德文，孙志伟. 电力用户侧大数据分析与并行负荷预测［J］. 中国电机工程学报，2015，35（3）：527-537.

［26］ 宋亚奇，周国亮，朱永利. 智能电网大数据处理技术现状与挑战［J］. 电网技术，2013，57（4）：55-63.

［27］ 郑海东，易武，孙薇庭，等. 大数据及其在电力工业中的应用［J］. 农村电气化，2015，37（9）：34-35.

［28］ 赵海波. 电力行业大数据研究综述［J］. 电工电能新技术，2020，39（12）：62-72.

［29］ Chapman P，Clinton J，Kerber R，et al. CRISP-DM 1. 0 Step-by-step data mining guide［R］. ［S. L. ］：SPSS Inc. ，2000.

［30］ 刘定祥，乔少杰，张永清，等. 不平衡分类的数据采样方法综述［J］. 重庆理工大学学报（自然科学版），2019，33（7）：102-112.

［31］ 王千，王成，冯振元，等. K-means聚类算法研究综述［J］. 电子设计工程，2012，20（07）：21-24.

［32］ 王年涛，王淑清，等. 基于改进YOLOv5神经网络的绝缘子缺陷检测方法［J］. 激光杂志，2022，43（8）：60-65.

［33］ 严静荷，高仕斌. 基于数字图像处理的自耦变压器绕组故障诊断仿真研究［J］. 电工技术，2019，5（4）：5-8.

［34］ 王培国，杨斌，李泽. 基于Φ-OTDR技术的通信光缆险情定位与预警系统设计与实现［J］. 光学仪器，2012，34（2）：61-66.

［35］ 张行，赵馨. 基于神经网络噪声分类的语音增强算法［J］. 中国电子科学研究院学报，2020，15（09）：880-885＋893.

［36］ 曹妍妍，赵登峰. 有限元模态分析理论及其应用［J］. 机械工程与自动化，2007，No. 140

（01）：73-74.

[37] 罗思群. 基于 XML 技术的数据转换 [D]. 北京：中国科学院软件研究所，2001.

[38] 余东昌，赵文芳，聂凯，等. 基于 LightGBM 算法的能见度预测模型 [J]. 计算机应用，2021，41（04）：1035-1041.

[39] 林伯强. 人工智能如何影响中国智能电网发展 [N]. 中国科学版，2023-7-25（3）.